MANUEL

DE

PHOTOCHROMIE

INTERFÉRENTIELLE.

PROCÉDÉS DE REPRODUCTION DIRECTE DES COULEURS,

PAR

A. BERTHIER.

PARIS,

GAUTHIER-VILLARS ET FILS, IMPRIMEURS-LIBRAIRES,

ÉDITEURS DE LA BIBLIOTHÈQUE PHOTOGRAPHIQUE,

Quai des Grands-Augustins, 55.

1895

MANUEL

DE

PHOTOCHROMIE

INTERFÉRENTIELLE.

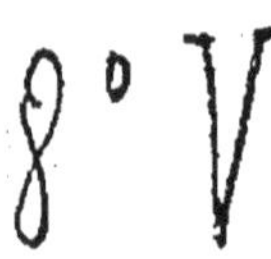

4650 B. — Paris, Imp. Gauthier-Villars et fils, 55, quai des Gr.-Augustins

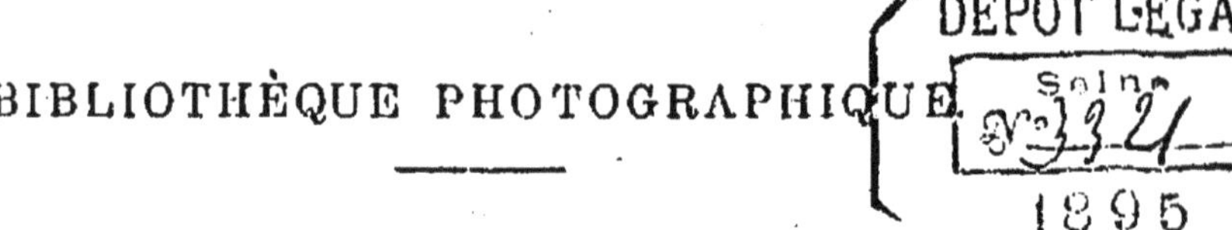

MANUEL

DE

PHOTOCHROMIE INTERFÉRENTIELLE.

PROCÉDÉS DE REPRODUCTION DIRECTE DES COULEURS,

PAR

A. BERTHIER.

PARIS,

GAUTHIER-VILLARS ET FILS, IMPRIMEURS-LIBRAIRES,

ÉDITEURS DE LA BIBLIOTHÈQUE PHOTOGRAPHIQUE,

Quai des Grands-Augustins, 55.

1895

MANUEL

DE

PHOTOCHROMIE

INTERFÉRENTIELLE.

INTRODUCTION.

Depuis la publication des remarquables expériences de M. Lippmann, bien des physiciens ont cherché à les reproduire. Les uns ont réussi, d'autres ont été moins heureux et n'ont obtenu que des résultats peu encourageants. L'étude des succès comme celle des déboires est extrêmement instructive, car elle permet de déterminer assez exactement les conditions d'expérience et, par le fait, le mode opératoire à employer pour atteindre le but désiré. Il n'existe pas, jusqu'à maintenant, de Traité scientifique exposant en détail la méthode à suivre dans la reproduction interférentielle des couleurs; la plupart des expérimentateurs qui se sont engagés dans la voie ouverte par M. Lippmann sont d'une discrétion trop éprouvée, en ce qui concerne les détails pratiques du procédé dont ils se servent. De fait, l'obtention d'épreuves parfaites étant encore à l'heure actuelle entourée de nombreuses difficultés, chacun s'est ingénié à les vaincre de son mieux, et tel artifice qui réussit admirablement à l'un, ne donne entre les mains d'un autre qu'un résultat médiocre. On ne saurait donc, pour le moment, donner une méthode absolument certaine et définitive ; il vaut mieux exposer avec quelques détails les divers procédés employés par les chercheurs les plus habiles, de manière à permettre à chacun de faire la sélection convenable. On ne saurait mieux commencer qu'en citant le créateur lui-même de la méthode interférentielle, M. Gabriel Lippmann.

PREMIÈRE PARTIE.
PROCÉDÉS OPÉRATOIRES.

CHAPITRE I.

PRÉPARATION DE LA COUCHE SENSIBLE.

1. — Procédé Lippmann.

Photographie du spectre. — Dans le mois de février 1891, M. Lippmann, professeur de Physique à la Sorbonne, annonça à l'Académie des Sciences qu'il était parvenu à photographier le spectre solaire. Les *Comptes rendus de l'Académie des Sciences* (t. CXII, p. 274 et suiv.) renferment intégralement cette importante communication. En voici l'exposé :

« Je me suis proposé, dit M. Lippmann, d'obtenir sur une plaque photographique l'image du spectre avec ses couleurs, de telle façon que cette image demeurât désormais *fixée* et pût rester exposée indéfiniment au grand jour sans s'altérer.

» J'ai pu résoudre ce problème en opérant avec les substances sensibles, les développateurs et les fixatifs courants en Photographie, et en modifiant simplement les conditions physiques de l'expérience. Les conditions essentielles pour obtenir les couleurs en Photographie sont au nombre de deux : 1° continuité de la couche sensible; 2° présence d'une surface réfléchissante adossée à cette couche.

» J'entends par continuité l'absence de grains : il faut que l'iodure, le bromure d'argent, etc., soient disséminés à l'intérieur d'une lame d'albumine, de gélatine ou d'une autre matière transparente ou inerte, d'une manière uniforme et sans former de grains qui soient visibles même au microscope; s'il y a des grains, il faut qu'ils soient de dimensions négligeables par rapport à la longueur d'onde lumineuse.

» L'emploi des grossières émulsions usitées aujourd'hui se trouve par là exclu. Une couche continue est transparente sauf ordinairement une légère opalescence bleue. J'ai employé comme support l'albumine, le collodion et la gélatine, comme matières sensibles l'iodure et le bromure d'argent; toutes ces combinaisons donnent de bons résultats.

» La plaque, sèche, est portée par un châssis creux où l'on verse du mercure; ce mercure forme une lame réfléchissante en contact avec la couche sensible. L'exposition, le développement, le fixage se font comme si l'on voulait obtenir un négatif noir du spectre; mais le résultat est différent : lorsque le cliché est terminé et séché, les couleurs apparaissent.

» Le cliché obtenu est négatif par transparence, c'est-à-dire que chaque couleur est représentée par sa complémentaire. Par réflexion, il est positif, et l'on voit la couleur elle-même, qui peut s'obtenir très brillante. Pour obtenir ainsi un positif, il faut révéler ou parfois renforcer l'image de façon que le dépôt photographique ait une couleur claire, ce qui s'obtient, comme l'on sait, par l'emploi de liqueurs acides.

» On fixe à l'hyposulfite de soude suivi de lavages soignés : j'ai vérifié qu'ensuite les couleurs résistaient à la lumière électrique la plus intense.

» La théorie de l'expérience est très simple. La lumière incidente, qui forme l'image dans la chambre noire, interfère avec la lumière réfléchie par le mercure. Il se forme, par suite, dans l'intérieur de la couche sensible un système de franges, c'est-à-dire de maxima lumineux et de minima obscurs. Les maxima seuls impressionnent la plaque; à la suite des opérations photographiques, ces maxima demeurent marqués par des dépôts d'argent plus ou moins réfléchissants qui occupent leur place. Les couches sensibles se trouvent partagées par ces dépôts en une série de lames minces qui ont pour épaisseur l'intervalle qui séparait deux maxima, c'est-à-dire une demi-longueur d'onde de la lumière incidente. Ces lames minces ont donc précisément l'épaisseur nécessaire pour reproduire par réflexion la couleur incidente.

» Les couleurs visibles sur le cliché sont ainsi de même nature que celles des bulles de savon. Elles sont seulement plus pures et plus brillantes, du moins quand les opérations photographiques ont donné un dépôt bien réfléchissant. Cela tient à ce qu'il se forme dans l'épaisseur de la couche sensible un très grand nombre de lames minces superposées : environ 200, si la couche a, par exemple, $\frac{1}{20}$ de millimètre. Pour les mêmes raisons, la couleur réfléchie est d'autant plus pure que le nombre des couches réfléchissantes augmente. Ces couches forment, en effet, une forme de réseau en profondeur, et pour la même raison que dans la théorie des réseaux par réflexion, la pureté des couleurs va en croissant avec le nombre des miroirs élémentaires. »

Dans ses premières expériences, M. Lippmann s'est servi du procédé au collodion et à l'albumine de Taupenot. Ce procédé présente les avantages de ceux au collodion et à l'albumine, en ce sens qu'il permet de conserver les glaces après leur préparation.

Un défaut inhérent au procédé sur albumine réside dans la difficulté d'obtenir des couches homogènes (exemptes de bulles, etc.). M. Taupenot, en étendant l'albumine sur une surface poreuse de collodion, fait agir les fibres poreuses de cette couche sur les bulles microscopiques, de manière à les faire disparaître. On peut se servir de collodion sensibilisé et lavé, ou même de collodion non ioduré (Gaumé).

La glace, bien nettoyée, est recouverte de collodion ordinaire, que l'on sensibilise et qu'on lave comme pour le procédé au collodion. La glace étant égouttée, après le dernier lavage, on la recouvre d'albumine, exactement comme on étend le collodion, et on laisse écouler l'excès dans un flacon spécial. On emploie, pour cet albuminage préalable, le moins possible d'albumine, qui ne sert qu'à chasser l'eau et que l'on jette ensuite. Lorsque la glace est bien égouttée, on la recouvre de nouvelle albumine. Les glaces sont séchées comme les glaces au tannin. Elles se conservent indéfiniment.

On les sensibilise quelques jours avant de s'en servir; elles conservent cette sensibilité pendant un an. On opère cette sensibilisation en les plongeant *sans temps d'arrêt* dans un bain de

Eau.. 100ᶜᶜ
Nitrate d'argent.................................. 10ᵍʳ
Nitrate de soude 10
Acide acétique cristallisable.................. 10

La durée de l'immersion ne doit pas dépasser vingt secondes. La glace, retirée de ce bain, est plongée dans l'eau distillée contenue dans une cuve de bois, où elle séjourne dix minutes au moins, puis dans une cuve remplie d'eau ordinaire. Retirée, elle est abandonnée à la dessiccation, appuyée contre le mur, et dans l'obscurité la plus complète. L'exposition à la lumière est un peu plus courte qu'avec l'albumine ordinaire ([1]).

Les plaques obtenues ainsi sont extrêmement transparentes : leur grain est très fin, mais leur sen-

---

([1]) MONCKHOVEN (Dʳ VAN), *Traité général de Photographie*, p. 235. 8ᵉ édition. Grand in-8, avec planches et figures (Paris, Gauthier-Villars et fils).

sibilité est peu élevée. Si l'on substitue le bromure à l'iodure d'argent, on réussit à exalter légèrement cette sensibilité. Les plaques sont alors préparées de la manière suivante : on commence par recouvrir la glace avec du collodion que l'on sensibilise dans un bain de nitrate, puis, après lavage, on recouvre le collodion d'une couche albumineuse formée par une solution d'albumine contenant $\frac{1}{2}$ à $\frac{2}{3}$ pour 100 de bromure de potassium. Les plaques, une fois sèches, sont soumises pendant deux minutes à un bain de

Eau	100 parties.
Nitrate d'argent.,...........................	10 »
Acide acétique.	10 »

Comme toutes les préparations au bromure d'argent, celle-ci présente un maximum de sensibilité pour la région bleue du spectre et un minimum pour la région jaune et rouge : il est donc nécessaire d'employer un bain sensibilisateur (solution de cyanine à 1 : 25 000).

Le développement s'effectue soit avec les révélateurs acides, soit avec les réducteurs alcalins, soit mieux encore avec tous deux, en les employant successivement. On commence par révéler l'image avec une solution d'acide pyrogallique à 1 pour 100, puis on termine avec une solution faiblement alcaline de pyrogallol, contenant un peu de bromure de potassium.

Le fixage a lieu dans un bain d'hyposulfite de soude à 15 pour 100 : les couches étant très minces, il est rapidement terminé.

Si l'on ne craint pas de prolonger le temps de pose, on peut se servir du procédé sur albumine susceptible de donner de bons résultats :

Albumine	1^{lit}
Iodure de potassium	10^{gr}
Iode	$0^{gr},5$

L'iodure de potassium est dissous dans quelques gouttes d'eau, puis l'iode y est ajouté. Le tout est alors jeté dans l'albumine, que l'on bat en neige. Après une nuit de repos, on décante le liquide dans une éprouvette. A l'aide d'une pipette, on prend l'albumine dans cette éprouvette à la partie moyenne du liquide, qui est toujours la plus claire. L'extension de l'albumine sur la glace est fort difficile. On se servira d'une tournette ou d'un appareil centrifuge. Les glaces, une fois albuminées, se conservent indéfiniment. On les sensibilise dans le bain suivant :

Eau	100^{cc}
Azotate d'argent cristallisable	6^{gr}
Acide acétique cristallisable	12

La solution d'azotate filtrée est versée dans une cuvette verticale en verre, dans laquelle la glace est plongée sans temps d'arrêt, à l'aide d'un crochet également en verre. La couche d'albumine, qui était primitivement transparente, devient légèrement opaline. Généralement, on ne la laisse séjourner dans le bain d'argent que de dix secondes à une minute (¹).

______

(¹) MONCKHOVEN (Dr VAN), *Traité de Photographie*, p. 232.

Laver ensuite et sécher à l'abri de la lumière. Exposer à la chambre noire, conformément aux indications de M. Lippmann. La pose est fort longue et ne peut que difficilement être précisée.

Procédé Lippmann avec plaques isochromatiques. — Dès le mois de mai 1892, M. Lippmann a complété le premier exposé qu'il avait fait de sa découverte, par la communication suivante :

« Dans la première communication que j'ai eu l'honneur de faire à l'Académie sur ce sujet, je disais que les couches sensibles que j'employais alors manquaient de sensibilité et d'isochromatisme, et que ces défauts étaient le principal obstacle à l'application de la méthode que j'avais imaginée. Depuis lors, j'ai réussi à améliorer la couche sensible et, bien qu'il reste encore beaucoup à faire, les nouveaux résultats sont assez encourageants pour que je me permette d'en faire part à l'Académie.

» Sur des couches d'albumino-bromure d'argent, rendues isochromatiques par l'azaline et la cyanine, j'obtiens des photographies très brillantes du spectre. Toutes les couleurs viennent à la fois, même le rouge, sans interposition d'écrans colorés, et après une pose comprise entre cinq et trente secondes.

» Sur deux de ces clichés, on remarque que les couleurs, vues par transparence, sont très nettement complémentaires de celles qu'on aperçoit par réflexion. La théorie indique que les couleurs composées que revêtent les objets naturels devraient varier en Photographie au même titre que les lumières simples du spectre. Il n'en était pas moins nécessaire de vérifier le fait expérimentalement. Les quatre clichés que j'ai l'honneur de soumettre à l'Académie représentent fidèlement des objets assez divers : un vitrail à quatre couleurs; un groupe de drapeaux; un plat d'oranges surmontées d'un pavot rouge; un perroquet multicolore. Ils montrent que le modelé est rendu en même temps que les couleurs.

» Les drapeaux et l'oiseau ont exigé de cinq à dix minutes de pose à la lumière électrique ou au soleil. Les autres objets ont été faits après de nombreuses heures de pose à la lumière diffuse. Il reste donc encore beaucoup à faire avant de rendre le procédé pratique. »

Procédé Lippmann à la gélatine bichromatée. — On sait qu'une couche sèche d'albumine ou de gélatine bichromatée est modifiée par la lumière : la matière organique devient moins hygrométrique.

La plupart des procédés d'impression photomécanique employés dans l'industrie sont fondés sur cette action de la lumière.

Une couche d'albumine (ou de gélatine) bichromatée, coulée et séchée sur verre, est exposée à la chambre noire, adossée à un miroir de mercure. Il suffit ensuite de la mettre dans de l'eau pour voir apparaître les couleurs; ce lavage à l'eau pure, en enlevant le bichromate, fixe l'épreuve en même temps qu'il la développe. L'image disparaît quand on sèche la plaque, pour reparaître chaque fois qu'on la mouille de nouveau.

Les couleurs sont très brillantes; on les voit sous toutes les incidences, c'est-à-dire en dehors de l'incidence de la réflexion régulière. En regardant la plaque par transparence, on voit nettement les complémentaires des couleurs vues par réflexion.

La gélatine bichromatée se compose de même, sauf que les couleurs apparaissent à leur place, non quand la plaque est mouillée en plein, mais quand on la rend légèrement humide en soufflant à sa surface.

La théorie de l'expérience est facile à faire.

Comme dans le cas des couches sensibles contenant un sel d'argent, le miroir de mercure donne lieu, pendant la pose, à une série de maxima et de minima d'interférences. Les maxima seuls impressionnent la couche, qui prend, par suite, une structure lamellaire et se divise en couches alternativement gonflables et non gonflables par l'eau. Tant que la plaque est sèche, on n'aperçoit pas d'image; mais, dès que l'eau intervient, les parties de la couche non impressionnées s'en imbibent; l'indice de réfraction varie dès lors périodiquement, dans l'épaisseur de la couche, de même que le pouvoir réflecteur, et l'image colorée devient visible.

Lorsqu'on emploie l'albumine, il faut étendre une couche de ce liquide sur le verre, la faire sécher et, de plus, la coaguler par du bichlorure de mercure avant de la plonger dans le bichromate de potasse. Sans cette précaution, l'albumine non impressionnée se dissoudrait lors du lavage à l'eau pure. On peut passer au bichlorure de mercure soit avant, soit après que la plaque a reçu l'impression lumineuse ([1]).

Ces diverses expériences de M. Lippmann ont excité au plus haut point l'intérêt du monde savant. Recueillies d'abord à l'étranger avec un scepticisme non déguisé, elles ont forcé l'attention par leur caractère hautement scientifique et les hypothèses qu'elles confirment. Aussi l'incrédulité a-t-elle fait place à l'enthousiasme, et l'on voit actuellement d'éminents physiciens et d'habiles expérimentateurs rivaliser de zèle pour améliorer les résultats obtenus. Il serait injuste de ne pas constater que, grâce au concours de ces bonnes volontés, notamment de France et d'Allemagne, la question a notablement progressé. Nous allons passer rapidement en revue les diverses méthodes proposées soit comme variantes, soit comme perfectionnement au procédé Lippmann. A la première catégorie se rattachent tous les essais qui dérivent plus ou moins directement des anciennes expériences de Becquerel et Poitevin. Leur liste serait longue. Il suffira d'en citer quelques-uns : ceux de Krone, de Saint-Florent, etc. L'avenir ne paraît pas leur être réservé. A la seconde catégorie, c'est-à-dire à celle des perfectionnements, se rattachent les procédés de MM. Lumière, Valenta, Thwing, etc. De tous les expérimentateurs qui se sont

---

([1]) Société française de Physique, *Bulletin des Séances*, p. 364, occupés de cette délicate question, M. Louis Lumière est certainement celui qui a innové avec le plus de bonheur: MM. Valenta et Neuhauss ont également réussi à obtenir de bonnes photochromies, comme l'atteste le succès des conférences illustrées de projections qu'ils ont données à Vienne et à Berlin (¹).

2. — Procédé H. Krone.

Dans le courant de l'année 1892, M. Krone réussit à obtenir des épreuves en couleurs sans l'emploi d'une surface réfléchissante de mercure. A cet effet, il utilisa la réflexion des radiations lumineuses sur la surface interne de la plaque de verre, pour former les franges nécessaires à la reproduction des couleurs. Pour augmenter l'action du verre, il recouvrait la plaque d'un velours noir serré contre la couche d'albumine. Les teintes obtenues par ce procédé sont moins belles que celles que donne un miroir de mercure, mais elles sont parfaitement perceptibles. La théorie du phénomène est assez compliquée, car il faut certainement faire intervenir la diffraction.

Depuis lors, M. Krone (²) a consigné le résultat de ses expériences dans un Ouvrage où il expose aussi les travaux de ses devanciers. D'après lui, les condi-

---

(¹) *Apollo*, janvier 1895, p. 28-29.
(²) KRONE (H.), *Photogramme des Spectrum.* — KRONE (H.), *Die Darstellung der natürlichen Farben.* Weimar, K. Schwier, 1894. — VALENTA, *Phot. in nat. Farben;* 1894, p. 28.

tions nécessaires pour obtenir une reproduction correcte des couleurs sont déterminées par les observations suivantes :

1º Il est indispensable que la couche sensible soit parfaitement homogène.

2º Lorsque la couche sensible dépasse une certaine épaisseur, les couleurs sont dénaturées ou disparaissent complètement. Partout où se trouve un grain de poussière, on observe ce phénomène dans toutes ses variations.

3º La formation des couleurs correspondant exactement à celles de l'original dépend des circonstances suivantes :

(a) De la proportion exacte et difficile à déterminer du sensibilisateur par rapport au sel haloïde d'argent, ce dernier se trouvant dans la couche à l'état d'extrême division;

(b) Du degré de chaleur auquel s'opère le séchage;

(c) De la durée de la pose et de l'intensité de la lumière;

(d) Du développement.

Lorsque l'une ou l'autre de ces conditions n'est pas exactement remplie, on observe la production anormale de couleurs fausses ou la disparition de couleurs vraies.

4º Le degré d'humidité des plaques modifie le résultat, en faisant varier les couleurs.

5º Dans le cas de la photographie du spectre solaire, la hauteur du Soleil au-dessus de l'horizon influe sur la valeur des teintes obtenues.

6° L'intensité actinique d'une lampe à arc électrique dont le charbon positif est placé à 36^{cm} de la fente du spectroscope est égale à 1 : 38 ou 1 : 40 de celle de la lumière solaire (avril, midi, ciel clair).

7° Le miroir de mercure est absolument indispensable pour obtenir des résultats concordants : sans lui, il est quelquefois possible de produire des couleurs, mais alors elles correspondent mal à celles de l'original (1). L'exactitude de ces diverses conclusions a été établie non seulement par les expériences de M. Krone, mais encore par celles de MM. Lippmann, Lumière, Valenta.

3. — Procédé de Saint-Florent (2).

Une plaque ordinaire au gélatinobromure d'argent ayant été exposée sous un verre coloré aux rayons directs du soleil pendant quinze à soixante minutes, puis fixée sans développement et lavée après fixage, reproduit les couleurs de l'original si l'on a placé sur le trajet du faisceau lumineux un écran-filtre orangé. Les couleurs sont visibles par réflexion lorsque la couche est humide.

Voici l'exposé du mode opératoire suivi par M. de Saint-Florent, tel qu'il l'a donné dans une communication faite à la séance de la Société française de Photographie du 2 décembre 1892 :

---

(1) *Deutsche Photographen-Zeitung*, 1892, p. 187. — *Eder's Jahrbuch für Photographie*, 1893.
(2) *Paris-Photographe*, 1893.

« Une plaque au gélatinobromure est exposée au soleil derrière un verre colorié (verre de lanterne magique) pendant un temps qui peut varier de quinze minutes à une heure. Au sortir du châssis, la plaque n'est pas développée, mais fixée immédiatement dans un bain concentré d'hyposulfite et lavée avec le plus grand soin.

» En avant du verre colorié, on a eu soin de placer un écran en verre orangé. On peut aussi faire usage des écrans successifs indiqués par M. Berget (rouge, vert et bleu).

» Au sortir du dernier bain de lavage, l'épreuve présente par réflexion les couleurs du modèle. Ces couleurs, qui sont très faibles, mais néanmoins distinctes, disparaissent presque complètement lorsque la glace est sèche.

» Les couleurs sont plus vives et la rapidité plus grande si, avant l'exposition, on plonge la glace au gélatinobromure dans une solution de nitrate d'argent à 10 pour 100 environ, additionnée d'alcool dans une forte proportion. Ces plaques, sans aucun lavage, conservent assez longtemps leur sensibilité.

» Cette sensibilité augmente par l'addition au bain d'une ou deux gouttes de nitrate de mercure par 100^{cc} de solution. Ce dernier bain ne se conserve pas.

» Les couleurs par transmission sont généralement complémentaires des couleurs vues par réflexion.

» Veuillez bien remarquer que je ne développe pas les épreuves, et qu'il n'y a pas de miroir de mercure dans l'expérience que je viens de décrire. La réflexion

des rayons incidents se fait à peu près normalement
sur une surface réfléchissante, qui est très probablement la tranche postérieure de la substance sensible
et non celle de la glace.

» Les conditions principales de l'expérience si
remarquable de M. Lippmann se trouvent donc à peu
près réalisées, et les phénomènes d'interférence se
produisent dans des circonstances à peu près semblables.

» Toutes les manipulations se font, sans aucun inconvénient, à une faible lumière diffuse.

» Les plaques orthochromatiques de M. Lumière
donnent de bons résultats, mais je n'ai pas pu encore
me passer d'écran.

» Si, au lieu de plaque au gélatinobromure, on
emploie des plaques au gélatinochlorure (marque
Perron), on obtient souvent des épreuves dont les couleurs sont (par réflexion) complémentaires de celles
du modèle. Je n'ai pu, jusqu'à présent, me rendre
compte de cette anomalie.

» Dans la séance du 7 août 1891 (*Bulletin* de septembre), j'ai fait connaître les essais que j'avais faits
au moyen de la gélatine bichromatée appliquée sur
plaque métallique polie.

» Je viens de les répéter avec l'albumine.

» Les résultats obtenus sont encourageants, mais
encore bien incomplets. Les couleurs ont un grand
éclat, un véritable éclat métallique; elles ne se montrent que lorsque la plaque est sèche, résultat contraire à celui que vient d'obtenir M. Lippmann dans

de brillantes expériences exécutées au moyen de l'albumine bichromatée appliquée sur verre.

» Il est aussi fort singulier que les épreuves au gélatinobromure que j'ai obtenues ne soient visibles (je parle des couleurs) que lorsque la glace est mouillée, alors que M. Berget, dans ses Ouvrages et dans ses conférences, dit expressément que les couleurs ne se montrent que lorsque la glace est complètement sèche.

» Cela tient peut-être à la suppression du révélateur dans le procédé dont j'ai l'honneur de vous rendre compte, suppression à laquelle j'ai été amené en répétant la fameuse expérience d'Yung.

» J'ai fait quelques essais au moyen de la chambre noire; on obtient bien des épreuves de vitraux et de paysages, mais c'est très long, et les couleurs sont à peine visibles. Il faut donc encore bien des expériences avant d'arriver à la solution complète du grand problème par la méthode exposée ci-dessus.

» Pour conserver les épreuves en couleur, j'ai imaginé une sorte de cuvette verticale dont la face antérieure est en verre. Cette cuvette est pleine d'eau légèrement *phéniquée*, et l'on y place l'épreuve sur fond noir; la face verre est encadrée et présente l'aspect d'un véritable cadre de photographie.

» En terminant cette longue lettre, je crois devoir vous signaler un fait assez singulier :

» Hunt, vers 1845, est arrivé à imprimer le spectre solaire avec ses couleurs, mais les couleurs disparaissaient au fur et à mesure que séchait la feuille de papier sur laquelle il opérait. Vous trouverez, en tous ses détails, cette expérience dans le *Manuel Roret*, 1862, tome II, page 297.

» Ce qui prouve qu'il n'y a rien de nouveau sous le soleil. »

Un autre fait curieux, signalé également par M. de Saint-Florent est le suivant :

« Je suis arrivé, écrit M. de Saint-Florent, à produire des épreuves en couleur au moyen des sels de fer au maximum.

» J'emploie tout simplement le bain indiqué, il y a bien longtemps, par Poitevin :

Eau	100 ᶜᶜ
Perchlorure de fer	10 ᵍʳ
Acide tartrique.............	5

» Comme je n'avais pas de plaques à la gélatine simple, j'ai pris des plaques au gélatinobromure dont j'ai enlevé le sel haloïde d'argent au moyen de l'hyposulfite.

» Après des lavages soignés et un séchage complet, la plaque, dont la gélatine est devenue insoluble, est exposée derrière un verre colorié pendant un temps assez long. Après l'exposition, on lave à l'eau tiède ; les parties insolées sont devenues plus ou moins solubles, et l'on obtient une épreuve qu'il faut sécher rapidement devant le feu.

» Lorsque l'*image est sèche*, elle présente des couleurs légères, parmi lesquelles le rouge, le jaune et le vert. Les violets et les bleus sont à peine visibles.

» Ces couleurs ne se voient pas *sous toutes les incidences ;* il faut les observer dans les mêmes conditions que dans les premières expériences de M. Lippmann.

» J'ai également obtenu des virages en couleur avec la gélatine bichromatée appliquée sur verre. On développe à l'*eau chaude.* Les couleurs se montrent comme dans l'expérience ci-dessus.

» Il me paraît certain qu'avec un miroir de mercure les résultats doivent être infiniment meilleurs (¹) ».

Dans une autre communication à la Société française de Photographie, M. de Saint-Florent résume ainsi les résultats de ses expériences :

« 1° On prend un papier au chlorure d'argent incorporé dans un véhicule comme le collodion, l'albumine, la gélatine, etc. Les papiers à la *celloïdine sont excellents.*

» On expose ce papier à la lumière *diffuse* jusqu'au moment où il commence à montrer des traces de métallisation. On l'applique alors, sans aucune préparation, dans un châssis positif, derrière un verre colorié.

» Au bout de plusieurs heures d'exposition en plein soleil, on obtient une image *positive* qui présente à peu près, sur un fond un peu sombre, toutes les couleurs du modèle.

» 2° Une feuille de papier au gélatinochlorure (excès d'argent) est exposée pendant plusieurs heures

---

(¹) *Photo-Gazette*, 1893, p. 55.

derrière un verre de lanterne magique et donne lieu à une épreuve négative présentant quelques traces de couleurs. L'image se renverse, c'est-à-dire qu'elle devient positive, si, au sortir du châssis, on l'expose à la lumière solaire. Les couleurs déjà un peu apparentes deviennent plus vives et celles qui étaient *latentes* se montrent souvent après un temps d'exposition plus ou moins prolongé. Les verts et surtout les jaunes viennent très difficilement.

» Ces épreuves ont une certaine *stabilité,* mais elles ne sont pas fixées.

» Avec les papiers au collodion-chlorure (celloïdine, etc.), la rapidité est plus grande, et *les verts et les jaunes* viennent mieux, si l'on applique sur l'épreuve, avant son exposition au soleil, un peu de vernis à la térébenthine (très dilué). »

4. — Procédé Ch. R. Thwing (¹).

M. Ch. R. Thwing, dans le but d'augmenter la sensibilité des plaques, a proposé en 1892 de substituer le collodiobromure d'argent à l'albuminiodure. La formule indiquée est la suivante :

Bromure de cadmium,............................ 25ᵍʳ
Alcool.. 250ᶜᶜ
Acide chlorhydrique.............................. 5

On mélange 5ᶜᶜ de cette solution à 40ᶜᶜ d'éther et

(¹) *Beiblätter Ann. Phys.*, 1892.

l'on ajoute 2ᵍʳ de pyroxyline, puis, goutte à goutte, une solution alcoolique de nitrate d'argent à 10 pour 100. Il faut étendre le mélange sur les plaques avant qu'il se soit transformé en émulsion : la couche sensible est bleu pâle, faiblement opalescent.

5. — Procédé Kitz (¹).

M. Kitz a signalé ce fait que certains papiers positifs, le papier Obernetter au gélatinochlorure d'argent (d'Émile Buhar, à Mannheim) par exemple, sont susceptibles de reproduire les couleurs, lorsqu'on les isole sous verre coloré. Les images polychromes obtenues ne peuvent être fixées. Il faut rapprocher ce fait de ceux publiés par M. de Saint-Florent. Cette expérience se rattache plutôt aux anciennes méthodes de Becquerel et Poitevin. Les couleurs sont néanmoins dues probablement à un phénomène d'interférence.

6. — Procédé Lumière.

Dès que les expériences de M. Lippmann eurent été publiées, MM. Auguste et Louis Lumière, de Lyon, entreprirent de les répéter. De tous les expérimentateurs qui se lancèrent dans cette voie, ils furent les plus heureux, car ils réussirent non seulement

---

(¹) *Beiblätter*, 1894, p. 762, et *Jahrb. für Phot.* 8, p. 142, 1894.

à reproduire les couleurs du spectre, mais ils arrivèrent à perfectionner le procédé et à le rendre pratique dans une certaine mesure. Étant donnée l'importance des résultats auxquels ils sont parvenus, — comme le témoignent les magnifiques clichés polychromes que l'on a pu voir dans diverses expositions ou conférences, — nous citerons intégralement leur première communication faite à la Société française de Photographie sur cette question, en date du 5 mai 1893.

« Dès le début de nos expériences sur la Photographie des couleurs d'après la méthode, si remarquable, imaginée par M. le professeur Lippmann, nous nous étions proposé de faire connaître le procédé qui nous avait conduit à l'obtention des épreuves que nous avions présentées à la Société française de Photographie, mais les irrégularités que nous constations alors nous ont retenus et nous avons préféré attendre afin de donner des indications précises permettant d'arriver sûrement à de bons résultats.

» Qu'on nous permette de revendiquer, tout d'abord, la priorité sur le procédé qu'a fait connaître M. Valenta, de Vienne, et qui consiste à mélanger, pour obtenir l'émulsion, si tant est que l'on puisse appeler ainsi la préparation obtenue, deux solutions gélatineuses, l'une contenant un bromure soluble, l'autre du nitrate d'argent. Nous avons, en effet, fait connaître, dans une communication en date du 23 mars 1892, à la Société des Sciences industrielles de Lyon, la méthode que nous suivions alors et qui,

comme vous le verrez, diffère très peu de celle in·
diquée par cet expérimentateur [1].

» Les formules suivantes ont été établies empiri-
quement, cela va sans dire, mais nous nous sommes
efforcés, dans les très nombreuses expériences que
nous avons faites, de procéder avec méthode, ne
changeant jamais, à la fois, qu'un seul des éléments
constituants, tant en ce qui concerne l'émulsion qu'en
ce qui regarde le révélateur. D'où la quantité d'essais
nécessités et la durée fort longue de temps que nous
avons dû y consacrer.

» Pour obtenir l'émulsion sensible, on prépare les
solutions suivantes :

A. — Eau distillée.............................. 400 cc
    Gélatine....... .... 20 gr

B. — Eau distillée..................... .... 25 cc
    Bromure de potassium.............. ... 2 gr,3

C. — Eau distillée............................. 25 cc
    Nitrate d'argent... .... 3 gr

» On ajoute à la solution C la moitié de la solution
A, puis l'autre moitié de cette dernière est additionnée à B. On mélange ensuite ces deux solutions

---

[1] « Une solution de 5 pour 100 de gélatine est additionnée de
1 à 2 pour 100 de bromure, chlorure, iodure soluble. D'autre part,
une solution semblable de gélatine est additionnée de 2 à 3 pour 100
de nitrate d'argent. Il suffit de mélanger ces deux solutions pour
former l'émulsion, si l'on peut appeler ainsi le résultat du mélange, puis de dyaliser, pour obtenir la préparation dont nous
nous sommes servis. » (*Comptes rendus de la Société des Sciences
industrielles de Lyon.*)

3

gélatineuses en versant le liquide contenant le nitrate d'argent dans celui contenant le bromure de potassium. On additionne ensuite d'un sensibilisateur coloré convenable : cyanine, violet de méthyle, érythrosine, etc., puis l'émulsion est filtrée et couchée sur plaques. Cette opération doit se faire à la tournette, la température de la solution ne dépassant pas 40°.

» On fait prendre la couche en gelée, puis les plaques sont immergées dans de l'alcool, pendant un temps très court, traitement qui permet le mouillage complet de la surface, et enfin on lave dans un courant d'eau. La couche étant très mince, le lavage ne demande que fort peu de temps.

» Cette méthode présente, sur celle indiquée par M. Valenta, l'avantage d'éviter le grossissement du grain de bromure d'argent, grossissement résultant du lavage de la masse et du chauffage nécessité pour la refonte, et de permettre l'obtention de plaques d'une transparence complète. De plus, on doit éviter, pour la même raison, l'emploi d'un trop grand excès de bromure soluble.

» Les plaques ayant été lavées suffisamment sont mises à sécher, puis, avant l'emploi, traitées, pendant deux minutes, par la solution suivante :

Eau distillée	200 gr
Nitrate d'argent	1 gr
Acide acétique	1

» Ce dernier traitement permet d'obtenir des images

beaucoup plus brillantes. Il augmente, en outre, la sensibilité, mais amène assez rapidement l'altération de la couche sensible. On sèche de nouveau, puis la plaque est exposée, conformément aux indications données par M. le professeur Lippmann. »

7. — Procédé Valenta.

En même temps que M. Louis Lumière poursuivait en France ses remarquables expériences, M. E. Valenta obtenait en Allemagne des résultats analogues par des moyens peu différents. Il est juste de noter toutefois que la priorité appartient incontestablement au jeune savant français dont les photochromies avaient été présentées à la Société des Sciences industrielles de Lyon dès 1892. M. Valenta a exposé le résultat de ses recherches dans un certain nombre de périodiques allemands (*Photographische Correspondenz; Photographisches Wochenblatt*), et notamment dans un Ouvrage qu'il a publié sur cette question : *Die Photographie in natürlichen Farben* (Halle. a. S., Knapp; 1894).

Pour obtenir la continuité et l'homogénéité de la couche, — conditions essentielles de réussite indiquées par M. Lippmann, — M. Valenta observe que tous les efforts doivent tendre vers ce but : empêcher l'émulsion de mûrir. L'ammoniaque, la chaleur font mûrir l'émulsion et augmentent sa sensibilité, mais aussi les dimensions du grain : il faudra donc les éviter. On préparera deux solutions à aussi basse température que possible (30° à 35° environ), l'une se composant de la quantité nécessaire de nitrate d'argent, l'autre de la gélatine et du bromure, puis on versera la première dans la seconde : aucun précipité ne se forme, la solution ne se trouble pas, mais devient légèrement opalescente; il faut l'employer le plus tôt possible, tout retard favorisant la production d'un grain grossier. Voici d'ailleurs la formule exacte, fruit de patientes recherches de la part de l'auteur :

A. Gélatine.. 10 gr
   Eau... 300 cc
   Azotate d'argent................................... 6 gr

B. Gélatine.. 20 gr
   Eau... 300 cc
   Bromure de potassium............................... 5 gr

Ces solutions sont refroidies à 35° C.; puis, dans le laboratoire obscur, la solution A est versée lentement dans la solution B, en remuant constamment.

Lorsque la masse est bien homogène, on la plonge dans environ 1ˡⁱᵗ d'alcool à 90 pour 100, puis on la remue avec une baguette de verre jusqu'à ce que toute la gélatine bromurée lui soit adhérente. On procède alors au lavage comme pour une émulsion ordinaire, c'est-à-dire qu'on la divise en menus fragments que l'on place quelques minutes dans l'eau courante. L'émulsion bien lavée est fondue ensuite à aussi basse température que possible dans un ballon de verre; on ajoute la quantité d'eau nécessaire pour reformer le volume primitif de 600ᶜᶜ, puis on filtre et, s'il y a lieu, on incorpore à la masse les matières colorantes nécessaires à l'obtention de l'orthochromatisme. Si l'on veut éviter cette dernière opération de fusion du mélange, on peut adopter l'artifice indiqué par M. Lumière. On ne précipite pas l'émulsion, mais on procède à l'étendage immédiatement après le mélange des deux solutions A et B. Les plaques sont placées sur un support de marbre bien horizontal jusqu'à ce que la couche sensible soit prise. On lave alors rapidement environ quinze minutes à l'eau courante, ce qui suffit parfaitement à enlever tous les sels solubles. Dans tous les cas, l'émulsion doit être filtrée avant d'être étendue. A cet effet, on se servira avec avantage d'un entonnoir dont le fond est garni d'un tampon de laine de verre ou mieux encore de chanvre italien que l'on aura préalablement fait bouillir avec une solution de potasse très étendue, puis lavé à grande eau.

Il est nécessaire de prendre garde, lorsqu'on procède à l'étendage de l'émulsion, que la couche sensible ne dépasse pas une certaine épaisseur. M. Valenta a constaté que les meilleurs résultats s'obtiennent avec les couches les plus minces. Si l'on n'a pas l'habitude de ce genre d'opérations, on pourra se servir d'un plateau tournant sur lequel on placera les glaces : grâce à la force centrifuge, l'émulsion se répartira également dans tous les sens.

On observera de plus que, lors de la préparation des plaques, il est indispensable de les soumettre à un bain d'alcool dilué avant le lavage final; si l'on omettait cette précaution, on remarquerait que la couche sensible est couverte de petites bulles d'air qui adhèrent à l'émulsion et empêchent par conséquent l'eau de produire son action. Lorsque la couche sensible sera sèche, on immergera donc les plaques dans une cuvette contenant de l'alcool étendu et l'on agitera le liquide jusqu'à ce que la surface entière soit bien mouillée et que toutes les bulles aient disparu. On terminera par un lavage énergique sous une pomme d'arrosoir, puis dans l'eau courante (douze à quinze minutes) et l'on obtiendra ainsi des glaces parfaitement transparentes, présentant par réflexion une légère coloration opalescente. La plaque est alors prête à recevoir l'impression lumineuse. Si l'on venait à l'exposer aux vapeurs ammoniacales, la couche sensible blanchirait rapidement par suite du grossissement du grain de l'émulsion. On ne pourrait plus songer à obtenir la reproduction des couleurs.

M. Valenta a remarqué que les émulsions au chlorobromure d'argent donnaient des résultats plus brillants que celles au bromure. Il a indiqué, à cet effet, les formules suivantes comme les plus pratiques :

A. Eau	200 cc
Gélatine	10 gr
B. Eau	15 cc
Azotate d'argent	1 gr,5
C. Eau	15 cc
Bromure de potassium	0 gr,35
Chlorure de sodium	0 gr,35

On partage A en deux parties égales, l'une que l'on

verse dans B à 35° ou 40°, l'autre dans C. On mélange
bien et l'on verse B dans C.

A. Eau....	300 cc
Gélatine	10 gr
Nitrate d'argent...	6
B. Eau	300 cc
Gélatine	20 gr
Bromure de potassium	2 gr,4
Chlorure de sodium	1 ,5

Mélanger à 35° C.

Le développement s'effectue comme on l'indiquera
plus loin.

Le plus grand défaut des émulsions précédentes
réside dans leur faible sensibilité. M. Valenta a cherché à l'augmenter de diverses manières.

A cet effet, il a employé les sensibilisateurs ordinaires (éosine, cyanine, etc.) et d'autres substances,
telles que le sulfite de soude.

Lorsqu'on mélange une solution composée de

Gélatine	10 gr
Bromure de potassium	5
Eau à 38° C	300 cc

avec une solution formée de

Gélatine	10 gr
Azotate d'argent	6
Eau	300 cc

on obtient un liquide parfaitement homogène et assez
limpide, dans lequel le bromure d'argent est à l'état

de particules si ténues qu'on peut le considérer
comme solution plutôt que comme émulsion. Des
plaques de verre ayant été enduites de cette solution,
cinq minutes après sa préparation, et ayant été lavées
lorsque la solution a fait prise, on peut les employer
pour la reproduction des couleurs. Toutefois, elles
sont peu sensibles; en effet, soumises à l'action d'un
bec Siemens pendant cinq minutes, à la distance de
50^{cm}, elles n'ont donné, au sensitomètre Warnecke,
qu'un degré de sensibilité. Mais, si on les traite à
l'aide de sensibilisateurs convenables, on arrive à
exalter considérablement leur impressionnabilité et
à obtenir des émulsions aptes à donner une reproduction brillante des couleurs. De plus, si l'on fait
mûrir cette émulsion par digestion à la chaleur, on
constate que l'émulsion mûrit déjà rapidement lorsqu'on la fait digérer à la température relativement
basse de 38°. On obtient ainsi en une demi-heure des
émulsions qui permettent encore l'obtention des couleurs, mais ne reproduisent plus très bien le bleu du
spectre.

Comme sensibilisateur, accroissant notablement la
rapidité de la précédente couche sensible, M. Valenta
indique le *sulfite de soude*. A cet effet, on ajoute
1^{gr} de sulfite de soude à 300^{cc} de l'émulsion de gélatinobromure préparée comme on l'a indiqué.

Après l'adjonction du sulfite, on met digérer très
peu de temps l'émulsion, qui demeure claire et
acquiert une sensibilité deux fois plus grande que
celle dont elle jouissait auparavant. Le sulfite de soude

n'accroît sans doute la rapidité que dans une faible mesure, mais il a l'avantage de ne pas diminuer la ténuité du grain de l'émulsion.

Quant à l'influence du sulfite de soude sur la maturation de l'émulsion, elle est considérable. Une adjonction de 1^{gr} de sulfite de soude pour 300^{cc} d'émulsion à 38° donne, dans les conditions indiquées plus haut, une sensibilité de 4° Warnecke après cinq minutes, tandis qu'après une heure la sensibilité s'élève à 18°. L'expérience a prouvé, de plus, que les émulsions que l'on a ainsi laissé mûrir pendant cinq, dix et même trente minutes sont encore aptes à la reproduction des couleurs, tandis que ce n'est pas entièrement le cas pour celles mûries sans sulfite de soude (¹).

(¹) *Photographische Correspondenz*, n° 399, décembre 1893, p. 577-580.

CHAPITRE II.

La découverte de M. Lippmann est encore trop
récente pour que l'on ait à signaler de nombreux travaux sur la question, malgré le pressant appel adressé
par ce savant physicien à tous les amateurs qui ne
craignent pas de s'engager dans une voie nouvelle.
On ne saurait nier toutefois que, grâce au concours
de certains d'entre eux, des progrès sérieux aient été
faits. C'est ainsi que M. Louis Lumière est parvenu
à produire des clichés réellement remarquables en
perfectionnant le mode opératoire indiqué d'une manière très générale par M. Lippmann.

Les principales difficultés inhérentes à la méthode
interférentielle proviennent :

1° De ce que la couche sensible doit être parfaitement homogène et transparente;

2° De ce que le support (pellicule ou verre) doit
être également parfaitement diaphane;

3° De ce que la surface réfléchissante doit être en
contact immédiat avec la couche sensible;

4° De ce que les diverses couleurs ne jouissent

pas de la même rapidité d'action sur la couche sensible.

On remédie à ces différents inconvénients par l'emploi de sensibilisateurs appropriés, de châssis spéciaux et de couches sensibles préparées comme on l'a indiqué. Mais on n'obtient ainsi que des résultats approximatifs : il y a encore beaucoup à faire avant d'avoir rendu la méthode réellement pratique. C'est en variant autant que possible les conditions du problème que l'on arrivera très certainement à déterminer celles qui sont les plus favorables. Il faut donc instituer un grand nombre d'expériences en modifiant tel ou tel facteur.

Il sera question plus loin de l'orthochromatisme et des recherches que l'on peut faire en cette matière; qu'il suffise d'indiquer ici quelques essais tentés en vue de supprimer la surface réfléchissante de mercure et d'augmenter la rapidité de l' « émulsion ».

1. — Couches sensibles au collodion humide.

Dans la méthode indiquée par M. Lippmann, on ne peut songer à employer le collodion humide; en effet, le contact intime du mercure et de la couche chargée de sels d'argent permettrait l'attaque du mercure et, par le fait, rendrait toute reproduction impossible. Mais on a vu plus haut que la présence d'une surface métallique réfléchissante n'était pas absolument indispensable pour permettre la formation des couleurs. MM. Krone, de Saint-Florent, etc., sont parvenus à reproduire certaines teintes sans le concours du mercure. On pourra donc tenter de répéter les mêmes expériences en se servant d'une couche de collodion humide. On n'ignore pas que ce procédé, qui a joui et jouit encore auprès de certains professionnels d'une vogue bien méritée, permet d'obtenir des poses relativement réduites. De plus, d'après le Dr Vogel, c'est celui qui, convenablement modifié, est le plus apte à rendre la valeur exacte des teintes. Voici d'ailleurs les formules indiquées par le Dr Vogel pour son procédé orthochromatique au collodion humide.

On dissout 2^{gr} de bromure de cadmium dans 30^{cc} d'alcool, on filtre et l'on mélange 1^{vol} de la liqueur avec 3^{vol} de collodion à la celloïdine neutre à 2 pour 100.

A 95^{cc} de ce collodion, on ajoute 5^{cc} d'une solution d'éosine formée de

Éosine..... ....,....... .... 0^{gr},5

dissoute dans

Alcool à 95°............,........... .... 180^{cc}

et l'on agite bien.

Conserver le collodion dans des flacons jaunes maintenus à l'obscurité.

BAIN D'ARGENT.

Nitrate d'argent cristallisable............... .... 50^{gr}
Eau................................ .... 500^{cc}
Solution d'iodure de potassium à $\frac{1}{100}$........ 13^{gr}
Acide acétique cristallisable, jusqu'à réaction
  notablement acide, environ.. 6 gouttes.
Solution alcoolique de fuschine (1 : 300). 8 à 12 gouttes.
Alcool................ .... 15^{cc}

Il faut éviter de trop aciduler, l'acide transformant l'éosine en une matière colorante jaune inactive.

Le développement, le renforcement et le fixage s'éffectuent comme pour les plaques humides ordinaires.

Quel que soit le procédé employé, on pourra essayer de produire les teintes par diffraction. Si l'on étend sur un verre dépoli une couche sensible préparée conformément aux indications de MM. Lippmann, Lumière, Valenta, et que l'on expose dans les conditions voulues, on réussit à obtenir la reproduction de certaines couleurs : ces dernières sont sans doute bien moins apparentes et moins vives que lorsqu'on emploie une surface réfléchissante de mercure, mais elles existent et à ce titre méritent d'être étudiées.

Comme l'a prouvé le Dr Neuhauss, certaines préparations dont le grain est visible au microscope, permettent la reproduction des couleurs; on ne peut, il est vrai, songer à se servir d'une véritable émulsion au collodion; mais il est possible de préparer des couches au collodion, douées d'une assez grande sensibilité et d'une extrême finesse.

2. — Couches doubles.

On a remarqué en Chimie que certaines réactions peuvent être accélérées ou même déterminées en dehors des conditions normales de leur production lorsque, par un artifice quelconque, on peut les mettre en train, les amorcer en quelque sorte. Il en est de même d'un certain nombre de phénomènes physiques. Si l'on applique cette observation au cas présent, on observera qu'il ne serait pas impossible de déterminer l'entraînement moléculaire nécessaire à la décomposition du sel haloïde d'argent en superposant deux couches sensibles dont l'une satisferait aux conditions imposées par la méthode interférentielle; tandis que l'autre remplirait celles correspondant à l'obtention de la rapidité; en d'autres termes, la couche sensible comprendrait deux couches distinctes : la première, c'est-à-dire celle en contact direct avec le support transparent (verre ou pellicule), serait formée d'émulsion rapide aussi perméable que possible à la lumière; la seconde, c'est-à-dire la couche superficielle, serait préparée conformément aux indications de MM. Lumière. En opérant ainsi, on arrive à réaliser les desiderata suivants :

1° Si la couche profonde est absolument transparente, si, par exemple, elle est de même nature que la couche superficielle (albumine, collodion ou gélatine), le résultat n'est pas notablement différent de celui que l'on obtient avec une couche unique, *aliis non mutatis;* mais, si l'on expose à la lumière la plaque sensible recouverte seulement de la couche profonde et qu'on procède ensuite dans le laboratoire obscur à l'étendage de la couche superficielle, on aura, au développement après exposition dans les conditions ordinaires, une image très brillante se détachant sur fond noir. La théorie de ce phénomène est simple. En effet, l'exposition préalable de la couche profonde permet la réduction uniforme de l'argent qu'elle contient. Au développement, la couche, primitivement transparente et presque incolore, noircira donc fortement, tandis que dans la couche superficielle se produiront les franges d'interférence correspondant aux diverses radiations. De plus, l'exposition préalable de la plaque à la lumière ne doit exercer aucune influence fâcheuse sur la seconde exposition, car on a observé que le fait d'une légère insolation des glaces au gélatinobromure avant leur mise en châssis exalte généralement leur sensibilité. Il doit donc se produire ici un phénomène analogue, bien que ce ne soit point la couche superficielle elle-même qui ait subi l'action de la lumière.

2° Si la couche profonde n'est pas transparente, c'est-à-dire, par exemple, si elle est constituée par une émulsion, on doit observer un fait semblable. Des plaques au gélatinobromure ordinaires, que l'on pourrait sensibiliser à l'éosine ou à d'autres substances colorantes, seraient recouvertes de l' « émulsion » Lumière et exposées soit avec le dispositif Lippmann, soit sans miroir de mercure. Dans le premier cas, les couleurs auraient la même origine que dans l'expérience de M. Lippmann; dans le second, elles seraient dues aux phénomènes de diffraction déjà signalés à propos du procédé de M. H. Krone.

On peut aussi opérer avec une couche émulsionnée translucide comme avec une couche transparente. On choisit, par exemple, des plaques au gélatinochlorure ou au gélatinobromure de faible sensibilité.

Après les avoir exposées quelques secondes à la lumière diffuse ou à celle d'une bougie, selon les cas, on les recouvre d'une très mince couche sensible d'après la formule Lumière ou Valenta. Au développement, la couche en contact avec le verre noircit tandis que la couche superficielle se divise en plans nodaux et ventraux correspondant aux longueurs d'onde des radiations : les couleurs se détachent alors sur fond sombre. Quelle que soit la formule employée, les couches sensibles doivent être aussi minces que possible. On peut donc disposer deux séries d'expériences. Dans la première, on cherche à obtenir de simples images interférentielles sur fond noir; dans la seconde, on cherche à augmenter la rapidité de l'impression lumineuse en superposant deux couches de sensibilité différente.

3. — Émulsions au bromure.

L'une des conditions indispensables indiquées par M. Lippmann est la continuité de la couche sensible. On conçoit, en effet, aisément que l'absence de grain grossier soit nécessaire pour permettre la formation des plans nodaux et ventraux. Or, toutes les émulsions au gélatinobromure présentent un aspect laiteux, dû précisément aux molécules de bromure d'argent. Elles ne sauraient donc être aptes à la reproduction des couleurs. Toutefois, le Dʳ Neuhauss, à la suite d'expériences nombreuses et variées, est arrivé à une conclusion qui infirme la précédente. Comme les recherches du Dr Neuhauss sont assez instructives, en voici un résumé succinct :

Les plaques au bromure seul (c'est-à-dire sans chlorure) paraissent les meilleures au point de vue pratique, à cause de leur plus grande rapidité. Elles permettent de reproduire les couleurs simples du spectre et les couleurs composées avec une grande pureté. Avoir soin, lorsqu'on étend l' « émulsion » sur les plaques, de chauffer légèrement ces dernières. Tandis que MM. Lumière et Valenta donnent la température de 40°C. comme limite la plus élevée à laquelle puisse se faire le mélange des deux solutions constituant l'émulsion, M. Neuhauss a essayé la température de 44°. La sensibilité est alors notablement accrue, mais la reproduction du bleu et du violet est défectueuse. La température de 40° semble donc la plus convenable.

Si l'on se sert, pour le développement, d'un révélateur ordinaire, par exemple de l'amidol, on n'obtient que des traces de coloration.

Le fixage, que MM. Valenta et Lumière préfèrent effectuer au cyanure de potassium, réussit mieux à M. Neuhauss avec l'inoffensif hyposulfite de soude. Ce sel a l'avantage de ne pas faire baisser l'image lorsqu'on prolonge un peu son action.

Les quelques observations qui précèdent n'ont pas grande importance ; il n'en est plus de même de la suivante. M. Neuhauss affirme que les plaques préparées d'après les formules de Lumière ou Valenta,

4.

et qui reproduisent admirablement les couleurs, possèdent un grain parfaitement visible au microscope (¹). Ce grain a des dimensions telles que ces dimensions sont du même ordre que celles des longueurs d'onde des rayons lumineux.

La conséquence de ce fait peut être considérable. Sans parler des difficultés qu'il semble susciter au point de vue théorique, il suffit d'observer que, pratiquement, son influence est des plus heureuses. On n'ignore pas, en effet, que la sensibilité des plaques croît avec les dimensions de leur grain. Il s'ensuit que l'on ne doit pas renoncer à l'espoir d'accroître la rapidité des plaques lippmanniennes.

Comment se fait-il que le grain de l' « émulsion » Lumière ou Valenta ait échappé à la perspicacité des physiciens qui se sont occupés de cette question? M. Neuhauss répond en disant que cela provient de ce que la plaque *non développée* ne possède qu'un grain peu perceptible, bien que réel, tandis que la plaque développée en possède un très visible. Des essais faits avec des plaques couvertes d'une simple couche de gélatine et d'autres faits avec des plaques bromurées permirent d'éliminer toute cause d'erreur. Il semble donc parfaitement acquis que l' « émulsion » Lumière ou Valenta possède un grain réel. C'est donc bien une *émulsion*.

(¹) NEUHAUSS (Dʳ R.), *Die Photographie in natürlichen Farben.* (*Photographische Rundschau* ; octobre 1894. Heft 10, p. 205-302. — Novembre 1894. Heft 11, p. 327-330. — Décembre 1894. Heft 12, p. 359. 364).

Quelle est la grosseur du grain observé? Les mesures en cette délicate matière sont évidemment peu aisées. On remarque d'ailleurs, comme il fallait s'y attendre, que les dimensions du grain varient avec la nature de l'émulsion et surtout avec la température à laquelle s'est effectué le mélange des deux solutions. En outre, l'expérience confirme ce fait que plus le grain est fin, plus les couleurs sont nettes. Quant à déterminer si c'est la finesse du grain elle-même ou bien une autre condition parallèle, qui produisent cet effet, M. Neuhauss avoue n'avoir pu le faire.

Quelques données numériques permettront de mieux comprendre les précédentes observations. M. Neuhauss a obtenu les chiffres suivants comme dimensions moyennes du grain de bromure d'argent :

$$0^{mm},0001 \text{ à } 0^{mm},0003$$

Les plaques ordinaires du commerce ont un grain variant entre $0^{mm},001$ et $0^{mm},035$.

Si l'on rapproche de ces valeurs celles de la longueur d'onde de la lumière,

Pour le rouge............................... $0^{mm},0007$
Pour le vert................................. $0 \quad ,0005$
Pour le bleu................................. $0 \quad ,0004$

on voit que les dimensions du grain sont loin d'être négligeables vis-à-vis de celles de la longueur d'onde des radiations, en supposant toutefois que ces données soient exactes.

Comme conclusion de ces expériences, on peut

affirmer que la question n'est point encore tranchée.
C'est en multipliant à l'infini les essais que l'on par-
viendra à résoudre pratiquement le problème de la
reproduction des couleurs. Mais, pour cela, il faut
autant que possible connaître les conditions posées
par ceux qui se sont occupés de la matière étudiée,
il faut les discuter, les contrôler expérimentalement.
A ce point de vue, les expériences du Dʳ Neuhauss
sont très instructives. Elles permettent d'espérer
une amélioration des plaques au point de vue de la
rapidité et rendent plus intéressantes les recherches
entreprises dans ce sens.

4. — Méthode mixte de reproduction des couleurs. Photochromographie instantanée.

Les méthodes précédemment exposées ne semblent
pas aptes à la reproduction des scènes mouve-
mentées. On peut toutefois user d'un artifice pour
obtenir des images interférentielles présentant certaines colorations, et cela, en se servant des plaques
extra-rapides du commerce. Voici comment il convient d'opérer pour arriver à ce résultat :

On connaît la méthode dite des trois couleurs indiquée par Cros et Ducos du Hauron. Elle repose
sur l'emploi de filtres permettant de faire un triage
des couleurs. On obtient ainsi un certain nombre de
monochromes — trois généralement — qui servent à
reconstituer les couleurs de l'original.

Malheureusement, si l'analyse est généralement facile, il n'en est pas de même de la synthèse : pour reconstituer les couleurs primitives, on se sert de substances pigmentaires dont le mélange n'est pas sans présenter de fâcheuses anomalies. Il arrive donc souvent que l'épreuve définitive diffère énormément de l'original. Avec la photographie interférentielle, le même écueil n'est pas à craindre ; c'est la lumière elle-même qui imprime dans la couche sensible les couleurs simples comme les teintes composées. On divisera donc l'opération en deux phases :

1° Obtention des clichés correspondant aux trois monochromes ;

2° Tirage des épreuves photographiques colorées.

1° Il n'est pas nécessaire de rappeler ici les travaux de Ch. Cros, Ducos du Hauron, Albert, Obernetter, etc., créateurs de la méthode indirecte. Qu'il suffise d'indiquer un procédé pratique permettant d'obtenir les trois clichés dont il a été question.

Il est juste de remarquer tout d'abord que l'instantanéité absolue n'est pas possible dans tous les cas ; les plaques orthochromatiques, en effet, ont une sensibilité générale inférieure à celle des plaques ordinaires. Si l'on veut, par exemple, reproduire une scène où le rouge domine, on éprouvera quelque difficulté à ne poser qu'une fraction de seconde, les radiations de cette couleur n'agissant que lentement sur l'émulsion. On peut toutefois remédier dans une certaine mesure à cet inconvénient par l'emploi de sensibilisateurs appropriés et d'objectifs très lumineux.

Pour obtenir les trois clichés, on se servira soit du dispositif imaginé par M. Ducos du Hauron ou M. Ives, soit encore de l'appareil suivant permettant d'obtenir trois clichés identiques. Cet appareil, qui n'a pas été combiné par son inventeur dans le but indiqué ici, mais simplement pour permettre la reconstitution des couleurs, semble parfaitement apte à la préparation des trois clichés. Rien n'empêche d'ailleurs de l'employer dans sa forme primitive à la synthèse des trois monochromes. Lorsque l'on sera en possession des clichés, on pourra donc les employer de diverses manières à la reproduction des couleurs.

Photopolychromoscope Zink de Gotha. — Une boîte en bois ou en carton, de la forme indiquée schématiquement par la *fig.* 1, contient trois miroirs placés parallèlement et inclinés de 45° sur la ligne de vision O*h*. Le premier de ces miroirs (*d*) est argenté, les autres sont constitués par une simple glace très bien polie. En *a*, *b*, *c* se trouvent les diapositifs tirés sur verre. Ces diapositifs correspondant aux trois monochromes, reposent chacun sur un écran coloré; en *a* se trouve un disque rouge; en *b*, un disque vert; en *c*, un disque violet. Si l'on place l'œil en *h*, et si l'on a pris soin de procéder à un repérage exact des trois images, on verra une image unique colorée, comme dans le photochromoscope beaucoup plus compliqué de M. Ives. On conçoit aisément que l'appareil puisse fonctionner comme « récepteur ». Il suffit pour cela de remplacer l'oculaire h par un objectif convenable et les trois diapositifs par des plaques sensibles.

Comme on le sait, le triage des couleurs s'effectue

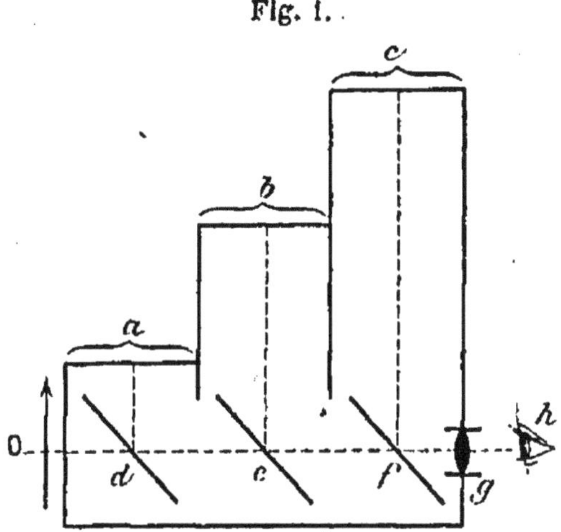

Fig. 1.

Photopolychromoscope de Charles Zink.

à l'aide des écrans colorés, dont on donnera plus loin le mode de fabrication. Si l'on emploie l'appareil qui vient d'être décrit, on pourra parfaitement se servir de glaces bien planes placées sur le trajet des rayons lumineux. Ces glaces seront colorées dans la masse, ou, si l'on veut les préparer soi-même, on leur donnera la teinte voulue en les recouvrant d'une pellicule de collodion ou de gélatine contenant la matière colorante.

L'action des écrans est indiquée dans le Tableau suivant :

ÉCRANS.	LAISSANT PASSER.	DONNANT AU TIRAGE.
Vert	Le bleu, le jaune et leur mélange	Monochrome rouge.
Violet (ou bleu de cobalt)	Le bleu, le violet	Monochrome jaune.
Jaune-orange	Le jaune et le rouge.	Monochrome bleu.

Il est nécessaire d'employer trois plaques ne présentant pas la même sensibilité pour les diverses régions du spectre. On pourrait sans doute, théoriquement, employer des plaques ordinaires, mais alors le temps de pose serait excessivement long et les filtres ou écrans devraient être étudiés spécialement au spectroscope. Avec les plaques orthochromatiques du commerce (Lumière, Ilford, Schmitt, etc.) ou encore avec des plaques ordinaires que l'on sensibilise soi-même pour telle ou telle radiation spécialement, on parvient à réduire considérablement la durée d'exposition; la sélection, en outre, se fait plus aisément. Voici un exemple, emprunté à M. Vidal, et qui fera saisir le mode opératoire. Supposons que l'on veuille reproduire un bouquet de fleurs très variées en se servant des trois plaques : la première, employée sans écran (ou avec écran bleu), sera influencée par les rayons bleus. La différence normale qui existe entre l'activité des rayons bleus et celle des rayons jaunes peut suffire pour produire la sélection voulue. Durée de la pose en pleine lumière : instantanée. La deuxième, obtenue sur plaque orthochromatique sensible au jaune et au vert avec emploi d'un écran jaune foncé, donnera l'image correspondant aux rayons verts et jaunes. Pose en pleine lumière : une minute. La troisième, obtenue sur plaque orthochromatique sensible au jaune et au rouge avec écran rouge orangé, donnera l'image produite par les rayons rouges. Pose en pleine lumière : trois à cinq minutes. Il est évident que, par un choix judicieux des moyens, on arrivera facilement à réduire dans de très grandes proportions la durée de la pose. Rappelons ici pour mémoire que certaines émulsions orthochromatiques que l'on trouve actuellement dans le commerce jouissent d'une rapidité presque égale à celle des glaces ordinaires. Tel est le cas, par exemple, des plaques Lumière. Tandis que les plaques extra-rapides (étiquettes bleues) donnent 25° au sensitomètre Warnecke, les plaques orthochromatiques sensibles au jaune et au vert donnent 22° W; et celles sensibles au rouge 20° W.

Nous sommes loin des 2° et 4° W. que donnent les couches sensibles employées pour l'obtention directe des couleurs avec les formules Lumière ou Valenta.

On donnera plus loin, dans les paragraphes intitulés *Écrans* et *Orthochromatisme,* tous les détails complémentaires concernant la sélection des couleurs et la sensibilisation des plaques pour telle ou telle teinte. En résumé, il s'agit d'obtenir trois clichés correspondant l'un au bleu, l'autre au jaune et au vert, le troisième au jaune et au rouge de l'original. Ces trois clichés s'obtiendront du même coup en plaçant dans la chambre noire à triple châssis trois plaques sensibles, l'une aux radiations bleues (plaque ordinaire), l'autre aux radiations jaunes et vertes (plaque orthochromatique sensible au jaune et vert), la troisième aux radiations jaunes et rouges. Sur le trajet des trois faisceaux isolés à l'aide des miroirs, on placera trois écrans (ou même seulement deux, le filtre jaune pouvant être supprimé); ces écrans sont les suivants :

Écran jaune clair............ pour le bleu ;
Écran jaune foncé........... pour le jaune vert;
Écran rouge orangé......... pour le rouge orangé.

La durée de la pose ne devant pas être la même pour les trois clichés, par suite de leur inégale sensibilité, il faudra user d'un artifice pour la modifier selon le cliché. On peut, par exemple :

1º Affaiblir les rayons bleus en plaçant sur leur trajet (soit en *l*) un disque violet fortement coloré, les miroirs *e* et *f* seraient de verre simple ou faiblement platiné, le miroir *d* serait aussi bien argenté que possible.

2º Employer trois obturateurs de plaque se mouvant devant les plaques sensibles. Chacun serait commandé par une poire ou même par la même poire, un frein permettant de régler la rapidité.

3º Employer un seul obturateur de plaque muni de trois fentes susceptibles d'être élargies à volonté. La première α (la plus large) correspondrait au rouge; la seconde β, au vert; la troisième γ (la plus étroite), au bleu (*fig.* 2).

Le rideau de l'obturateur de plaque serait entraîné par un mouvement susceptible d'être ralenti ou accéléré comme dans les obturateurs Thornton. Il serait aisé d'imaginer d'autres solutions du même problème.

Ce qui précède s'applique aux vues ordinaires; si

Fig. 2.

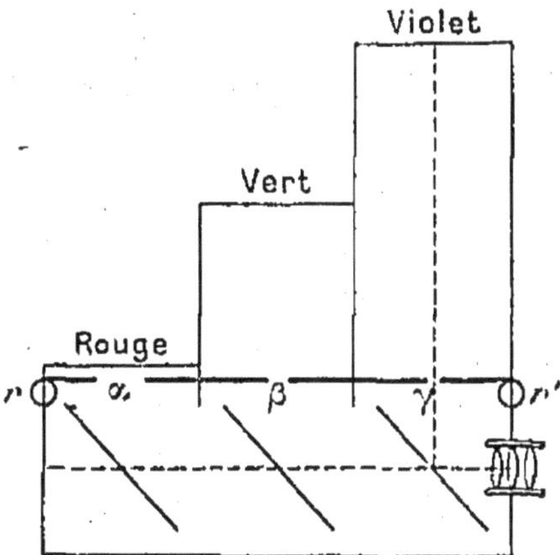

Photopolychromoscope muni d'un obturateur de plaque
pour la photographie des couleurs.

l'on désire obtenir des vues stéréoscopiques, la méthode ne diffère pas essentiellement, de la précédente. On peut même la simplifier notablement, en ce sens que l'appareil ne comprend plus alors de miroirs, mais une seule glace de verre placée sur le trajet des rayons lumineux fournis par l'un des objectifs. Voici d'ailleurs une courte description de la chambre polychromostéréoscopique :

Soit une chambre stéréoscopique ordinaire. Pour plus de simplicité, supposons-la formée d'une caisse rectangulaire munie de deux objectifs identiques (*fig.* 3). Un seul châssis renfermant une plaque unique reçoit les deux images qui diffèrent légèrement puisqu'elles ont été prises de deux points distants de 7ᶜᵐ à 8ᶜᵐ. Si l'on substitue à la plaque unique 9 × 18 deux plaques orthochromatiques sensibles, l'une au jaune vert, l'autre au rouge, et que l'on place devant l'un des objectifs un écran de couleur verte et devant l'autre un écran de couleur rouge, on obtiendra les deux clichés correspondant aux monochromes vert et rouge. Il ne restera plus alors qu'à insoler une plaque sensible au bleu pour obtenir le monochrome jaune. A cet effet, on fixera sur le trajet de l'un des faisceaux, un miroir — formé d'une glace sans tain — incliné de 45°. Grâce à ce miroir, on obtiendra deux images identiques, l'une directe, venant se former comme précédemment sur la paroi postérieure de la chambre noire, l'autre réfléchie, se formant dans un plan horizontal, parallèle à la paroi horizontale supérieure. Si donc on ouvre dans cette paroi une fenêtre ayant les dimensions voulues et que l'on place en cet endroit une plaque sensible, on obtiendra la troisième image nécessaire à la reconstitution des couleurs. Dans la pratique, cette fenêtre est munie d'une coulisse permettant d'introduire un châssis analogue à celui qui occupe l'arrière de la chambre.

Quant aux écrans, au lieu d'être placés dans l'objectif, on les fixera dans les châssis, immédiatement devant la plaque sensible.

La lumière rouge étant la moins active, on placera
le filtre rouge sur le faisceau ne subissant aucune ré-

Fig. 3.

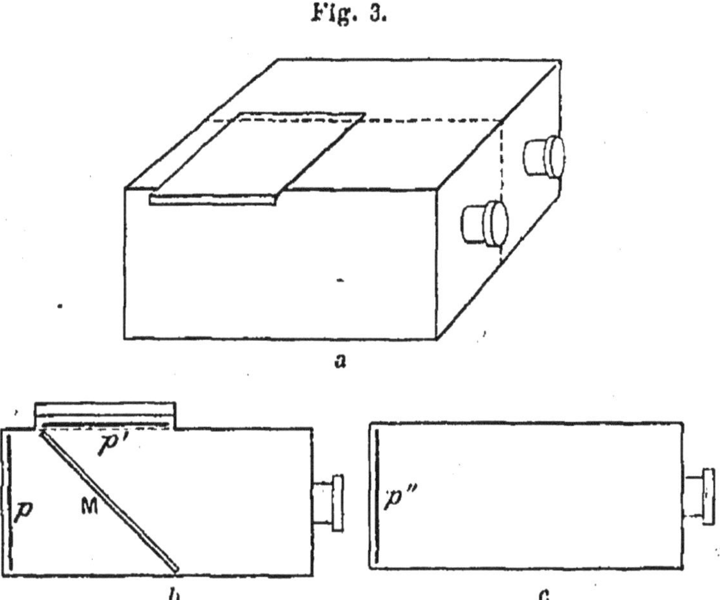

Chambre polychromostéréoscopique.

a : vue générale de la chambre polychromostéréoscopique.
b : premier corps contenant les plaques *p* (verre vert) et *p'* (verre
bleu) et le miroir M.
c : deuxième corps contenant la plaque *p"* (verre rouge).

flexion : la plaque sensible au rouge occupera donc le
fond du premier corps de la chambre noire.

La lumière jaune étant plus active que la précédente, mais moins active que la lumière bleue, on
placera le filtre jaune vert sur le faisceau direct dimi-
nué toutefois de la lumière réfléchie par la glace sans
tain. La plaque sensible au jaune et au vert occupera

5.

donc le fond du second corps de la chambre noire.

Quant à la lumière bleue, la plus actinique de toutes, elle n'agira sur la plaque sensible que par l'intermédiaire du miroir de verre poli. La plaque ordinaire sensible au bleu sera donc placée à la partie supérieure de la chambre, dans le châssis s'engageant sur la fenêtre ouverte dans la paroi latérale.

Les trois clichés obtenus par la méthode précédente pourront servir à la reconstitution des couleurs au moyen des divers stéréochromoscopes (Nachet, Ives, Vidal) connus. On emploiera aussi avec avantage le procédé indiqué plus loin. Il est bien entendu que, lors du tirage, on superposera les clichés obtenus du même point.

La chambre noire polychromostéréoscopique est susceptible de recevoir d'autres applications. On peut l'employer, par exemple, comme appareil à projections polychromes (système Vidal). A cet effet, les trois diapositifs sur verre prendront la place des trois clichés. Un foyer lumineux, aussi intense que possible, les éclairera depuis l'extérieur, et, comme on aura eu soin de placer sur chaque monochrome l'écran coloré qui lui convient, on obtiendra, après repérage et superposition des trois images, une image unique polychrome. Le même appareil servira aussi au tirage direct des épreuves lippmanniennes. Mais alors, au lieu de substituer des diapositifs aux clichés, on emploiera ces derniers eux-mêmes. Les négatifs seront donc placés à la partie supérieure de la chambre qui sera munie d'un objectif convenable.

Contre cet objectif viendra s'appliquer la planchette d'objectif d'une seconde chambre noire à châssis à mercure. Le tout sera couvert avec soin de manière à éviter toute infiltration de lumière. Pour opérer, on transportera l'appareil en plein air, et on l'orientera de manière que la lumière tombe aussi normalement que possible sur les trois négatifs munis chacun de son écran-filtre. Des volets en carton noir permettront de faire agir les rayons successivement sur les trois monochromes, pendant le temps voulu. La chambre noire jointe à la chambre polychromostéréoscopique contenant la plaque sensible, préparée d'après les formules Lumière ou Valenta, recevra ainsi les trois impressions correspondant aux trois monochromes. Si l'on a pris soin d'établir un repérage exact des images, ces impressions se superposeront et produiront une image polychrome. Pour obtenir une seconde épreuve, il suffira de remplacer la première plaque par une autre et d'opérer dans les mêmes conditions.

Les trois clichés une fois obtenus, on procédera au tirage des épreuves interférentielles en suivant les indications données par Ducos du Hauron. Toutefois, comme il s'agit d'imprimer les trois monochromes sur un seul support, on modifiera légèrement le mode opératoire. Supposons que l'on désire une épreuve (9 × 12 ou même 13 × 18) sur pellicule. On possède les trois clichés. On commencera par faire agir les radiations rouges. A cet effet, on prendra le cliché correspondant à l'écran vert (b) et on l'exposera au châssis-presse en l'abritant sous un verre rouge (pellicule de collodion coloré ou cuvette remplie d'une dissolution d'hélianthine rouge). Grâce à l'écran qui absorbe complètement les radiations vertes, bleues et violettes, on peut laisser poser le rouge tout le temps nécessaire.

Lorsque le rouge a suffisamment posé, on remplace le cliché précédent par le cliché correspondant à l'écran rouge (a) et l'on expose en substituant à l'écran rouge un écran formé par une dissolution de bichromate de potasse laissant passer le vert et le rouge, mais arrêtant les rayons bleus. On impressionne ainsi les parties correspondant au vert. Enfin, pour le bleu, on place dans le châssis le cliché correspondant au monochrome jaune (écran jaune) et l'on expose sans écran ou avec un filtre coloré au chlorure de cobalt : le bleu et le violet agissent alors.

Dans ces diverses opérations, il sera nécessaire évidemment de proportionner la durée d'exposition à la sensibilité de l' « émulsion » pour les radiations considérées. Les écrans, pellicules de collodion ou plaques de verre, seront préparés conformément aux indications de M. Vidal. On emploierait aussi avec avantage des cuvettes plates pleines de la dissolution active.

Comme les châssis-presses peuvent être placés horizontalement pendant le tirage, une simple plaque de verre bien homogène et bien propre, sur laquelle on versera une faible couche de solution, suffira largement. Pour empêcher la solution de se répandre, on garnira les bords de la plaque d'un cordon de cire ou de caoutchouc ou même simplement de carton collé avec une matière hydrofuge.

La méthode qui vient d'être exposée a l'avantage de permettre un tirage relativement rapide d'épreuves interférentielles de grand format. Celles obtenues jusqu'à maintenant n'ayant guère généralement que 5^{cm} ou 6^{cm} de côté, il semblerait intéressant d'aborder les formats courants (9 × 12, 13 × 18). Le châssis-presse dont il a été fait mention est analogue à celui qu'a imaginé M. Valenta. On peut parfaitement en confectionner un soi-même en se servant des châssis positifs ordinaires. Pour le tirage, on commencera par poser sur la glace forte la pellicule colorée (filtre) [ou si l'on se sert d'une dissolution, on placera cette dernière sur le châssis, lorsque toutes les opérations préliminaires auront été terminées]. Après l'écran, on placera le cliché correspondant au rouge, puis la pellicule sensible (formule Lumière), la couche tournée en haut. Sur cette pellicule, on fixera une cuvette de fer à fond plat et dont les bords sont garnis de caoutchouc. Cette cuvette, peu profonde (2^{mm} environ), est destinée à recevoir le mercure par deux orifices ménagés dans ses parois (*voir* châssis Valenta). Le volet du châssis étant placé sur le tout, on ferme les barres et l'on remplit la cuvette de mercure. Tout est prêt pour l'exposition. Ces diverses opérations devront évidemment être reprises pour chaque monochrome. Il sera de plus nécessaire de procéder à un repérage exact.

Si l'on ne veut pas faire de l'instantanéité, on peut se passer du photopolychromoscope. Les trois clichés seront alors obtenus successivement avec la même chambre noire, mais en prenant les précautions d'usage.

Avant de terminer ce Chapitre, signalons un procédé de triage et de sensibilisation usité en Allemagne ([1]). Au lieu de n'employer que deux sensibilisateurs et deux écrans, on en emploie trois, c'est-à-dire trois bains, trois filtres et trois négatifs.

Le premier négatif, celui qui correspond au monochrome *jaune*, est assez difficile à obtenir, parce qu'on ne peut pas sensibiliser à un même degré la couche photographique pour le rouge et le bleu. On se sert d'une plaque ordinaire que l'on baigne dans une solution de cyanine (plaque Monckhoven peu rapide et solution de cyanine :.

Eau	500 ᶜᶜ
Ammoniaque	8 parties.
Solution alcoolique de cyanine à 1 : 200....	5 à 8 parties.

On peut substituer le violet de méthyle à la cyanine dans certains cas.

Sécher les plaques à la chaleur douce (20° à 24° C.) L'écran (filtre) jaune est formé d'une pellicule de collodion coloré.

Collodion à 2 pour 100	100 ᶜᶜ
Solution alcoolique de fuschine à 1 : 300.	8 à 12 gouttes.

([1]) *Atelier des Photographen*, cahier 11, p. 126. — *Photographische Correspondenz*, décembre 1894, p. 570.

Le deuxième, correspondant au monochrome *rouge,* est sensibilisé avec du rose bengale. A cet effet, on prépare le bain suivant :

                A. Eau................................... 100ᶜᶜ
                   Rose bengale........................ 1ᵍʳ
                   Alcool méthylique.................. 20 parties.

                B. Eau................................... 500ᶜᶜ
                   Ammoniaque........................ 8

Verser 10ᶜᶜ de la solution A dans la solution B.

La durée de l'immersion est de deux à trois minutes.

L'écran est formé d'une pellicule de collodion comprenant

                Collodion à 2 pour 100................ 100ᶜᶜ
                Solution alcoolique de *vert malachite* à 1:200. 16 gouttes.

Le troisième négatif, correspondant au monochrome *bleu,* doit être sensibilisé pour le rouge et le vert. A cet effet, on le baigne dans une solution de céruléine (*cærulein* recommandée par Eder en 1886).

                Eau 500ᶜᶜ
                Ammoniaque........................... 8
                Solution alcoolique de céruléine à 1 : 200...... 3

Prolonger l'immersion pendant deux à trois minutes.

L'écran sera formé d'une pellicule de collodion orangé :

                Éosine (à reflets jaunes).......... 1 partie. ⎞
                Aurantia........................ 1   » ⎬ 16 gouttes.
                Alcool.......................... 500ᶜᶜ ⎠
                Collodion à 2 pour 100...... .... 150ᶜᶜ

Cette méthode, peu connue en France, semble permettre un meilleur triage des couleurs. De plus, si l'on se sert du procédé interférentiel pour la reconstitution des couleurs de l'original, on obtiendra des résultats d'une grande vérité. Comme le fait remarquer M. W.-L. Scandlin à propos des impressions à trois couleurs, si l'on pouvait obtenir des plaques orthochromatiques dont l'une serait insensible au jaune, l'autre au rouge, et la troisième au bleu, et si, en outre de ces trois plaques, on pouvait trouver des pigments présentant les mêmes qualités de transparence et de couleur que celles dont on use dans les écrans colorés qui opèrent les sélections distinctes lors de leur transformation en négatifs spéciaux, le résultat revendiqué en faveur du procédé aux trois couleurs pourrait être considéré comme relativement acquis (1).

____

(1) *Anthony's Photographic Bulletin* (dans l'*Annuaire*, 1894, p. 67).

CHAPITRE III.

ORTHOCHROMATISME.

Orthochromatisme. — « On sait, dit M. L. Vidal,
que la plaque dite ordinaire manque de sensibilité
aux couleurs jaune, vert, orangé et rouge, tandis
qu'elle est douée, relativement, de trop de sensibilité
à l'égard du violet et du bleu. Ainsi, tandis que notre
œil voit les couleurs jaune, vert, orangé et rouge
avec un degré de luminosité supérieur à celui du
violet et du bleu, la plaque photographique les voit
(qu'on nous permette ce langage figuré) avec une
luminosité inverse ; elle rend en valeur noire ou fon-
cée ce qui devrait être d'une tonalité blanche ou grise.
A l'aide de certaines préparations, on est arrivé à
modifier-la sensibilité des plaques photographiques
aux divers rayons colorés, et il est démontré que l'on
peut maintenant corriger, redresser la valeur des
luminosités, au degré voulu.... La possibilité de cette
correction constitue un des plus grands progrès de la
Photographie, puisqu'elle ajoute beaucoup à l'exacti-

6

tude de ce merveilleux moyen de copie » (¹). Lorsqu'il s'agit de photochromie, cette correction est non seulement utile, mais indispensable. En effet, la plaque photographique transparente, préparée par les méthodes Lippmann, Lumière, Valenta, présente les mêmes anomalies que la plaque émulsionnée du commerce. Sa sensibilité maxima, beaucoup plus faible que celle des glaces ordinaires, se trouve entre les lignes F et G (Fraunhofer) du spectre, c'est-à-dire dans la région du bleu. Si donc, on opérait avec de semblables plaques, on se heurterait à une grave difficulté :

Le rouge viendrait lentement, de même que le jaune, tandis que le violet et le bleu, couleurs actives par excellence, solariseraient complètement la plaque, si on les laissait poser pendant tout le temps nécessaire à la bonne impression du rouge. « Il faudra donc trouver un moyen de laisser poser le rouge *seul* pendant longtemps, ne permettre au vert, plus actif, qu'une durée d'impression de quelques minutes, que l'on réduira à quelques secondes pour le bleu et le violet. M. Lippmann est arrivé à ce résultat en interposant sur le trajet du faisceau lumineux, pendant la pose du rouge, une petite cuve de glace pleine d'une dissolution d'hélianthine rouge. Cette substance absorbe complètement les radiations vertes, bleues et

---

(¹) VIDAL (LÉON), *Manuel pratique d'Orthochromatisme*, p. 2. In-18 jésus, avec figures et planches ; 1801 (Paris, Gauthier-Villars et fils).

violettes et ne laisse passer que les rayons rouges et jaunes. On peut donc, grâce à cet écran coloré, laisser poser le rouge pendant tout le temps nécessaire sans risquer de solariser les régions verte et bleue. Quand le rouge a suffisamment posé, on remplace la cuve à hélianthine par une cuve contenant une dissolution de bichromate de potasse, qui laisse passer le vert et le rouge, mais arrête les rayons bleus; dans ces conditions, on impressionne à loisir la partie de la plaque qui correspond au vert du spectre; le rouge continue à poser pendant ce temps. Enfin, pour obtenir le bleu, on découvre complètement l'objectif pendant quelques secondes, sans l'interposition d'aucune cuve; le bleu et le violet agissent à leur tour, et l'exposition est terminée » ([1]).

L'obtention de l'orthochromatisme par la méthode qui vient d'être exposée est toujours chose possible, mais, étant donnée la longueur de la pose nécessaire pour la venue des teintes inactiniques (rouge, jaune), il est préférable de la compléter conformément aux indications de Vogel, Vidal, Warnecke, etc. Dès 1873, en effet, le professeur Vogel publiait dans les *Photographische Mittheilungen*, p. 236, le résultat de ses recherches relativement aux plaques ordinaires au gélatinobromure, et il arrivait à cette conclusion que, pour rendre le bromure d'argent sensible à l'action de

---

([1]) BÉRGER (A.), *Photographie des couleurs par la méthode interférentielle de M. Lippmann*, p. 45. In-18 jésus, avec figures; 1891 (Paris, Gauthier-Villars et fils).

n'importe quelle couleur, il suffit de l'additionner d'une matière qui favorise la décomposition du bromure et qui absorbe la couleur en question sans agir sur les autres. Depuis lors, grâce aux travaux de Water-house, Eder, Hübl, Valenta, Ducos du Hauron, Vidal, etc., de nombreuses substances ont été découvertes qui permettent de transporter dans la pratique la découverte de Vogel. C'est ainsi que l'éosine, la chlorophylle, l'érythrosine, la cyanine, etc., ont été proposées et essayées avec succès dans ce but.

De ce qui précède, il résulte que l'on dispose de deux moyens pour obtenir l'orthochromatisme : 1° emploi des écrans colorés, et 2° emploi de sensibilisateurs orthoscopiques que l'on incorpore à l'émulsion sensible. Chacun de ces moyens peut être employé isolément; mais, en réunissant leur action, on obtient de meilleurs résultats. Comme le dit M. Vidal, si le milieu coloré peut, dans quelques cas, suffire à la correction de certaines valeurs, surtout à celle des bleus qui, étant le plus souvent trop intenses, demandent à être modérés, il ne faudrait pas en conclure qu'avec cet auxiliaire, on arriverait pratiquement à réaliser toujours les effets voulus. Théoriquement, la chose est possible, mais il y a lieu de tenir compte de la durée de la pose trop longue exigée par l'emploi des écrans, en vue de telle sélection, et le mieux est alors d'utiliser les propriétés sensibilisatrices de certaines substances colorantes (¹).

(¹) VIDAL (LÉON), *Manuel pratique d'Orthochromatisme*, p. 24.

Ces substances peuvent soit être incorporées directement à l'émulsion, lors de sa préparation, soit ultérieurement, en baignant les plaques dans les solutions convenables. Cette manière de procéder ne diffère pas d'ailleurs de celle en usage pour les plaques ordinaires au gélatinobromure d'argent. Les matières sensibilisatrices les plus employées sont l'*éosine* (tétrabromofluorescéine), l'*érythrosine* (tétraiodofluorescéine), la *cyanine* (bleu de quinoléine) et le *violet de méthyle* (chlorhydrate de triméthylrosaniline). Examinées au spectroscope, les solutions de ces corps présentent les phénomènes suivants :

L'éosine produit une bande d'absorption dans la région du vert jaune (raies D et E de Fraunhofer);

L'érythrosine donne une bande obscure dans le jaune (raies D et E de Fraunhofer);

La cyanine, dans le rouge et l'orange (la bande d'absorption s'étend jusqu'à la raie C de Fraunhofer);

Le violet de méthyle, dans le jaune et l'orange.

On voit qu'une seule substance ne saurait donner le résultat désiré, puisqu'elle n'exalte la sensibilité que pour une ou deux couleurs du spectre au maximum. Il est donc nécessaire d'en employer plusieurs. M. Valenta ([1]) emploie un mélange de cyanine et d'érythrosine. Il se sert indistinctement du procédé au bain ou de l'introduction de la matière colorante dans l'émulsion. Dans le premier cas, les plaques

---

([1]) *Die Photographie in natürlichen Farben*, 1894, p. 55.

6.

terminées comme on l'a indiqué sont plongées, une
fois sèches, dans un bain formé de

Eau... 100 cc
Solution alcoolique de cyanine à 1 : 500.../.... 1 à 5 cc

La durée de l'immersion doit être de deux minutes.
Filtrer la solution avant de s'en servir. La cyanine
donne aux plaques au bromure d'argent un maximum
de sensibilité entre les raies C et D, tandis que l'érythrosine le donne entre D et E; on obtiendra donc un
meilleur résultat en se servant d'un mélange de ces
deux substances. L'effet produit ne dépend pas alors
seulement de la quantité de matière employée, mais
aussi des proportions relatives des deux solutions
mélangées. M. Valenta a constaté que la meilleure
formule était celle comprenant

Solution de cyanine à 1 : 500................. .. 4 cc
Solution d'érythrosine à 1 : 500.... 2

Dans le cas où l'on préfère introduire la matière
colorante dans l'émulsion elle-même, on prendra
1 cc à 2 cc du mélange précédent pour chaque 100 cc
d'émulsion.

L'azaline de Vogel (mélange de bleu de quinoléine
et de rouge de quinoléine) donne d'excellents résultats. On l'emploie comme la cyanine, à laquelle on la
substitue à proportions égales. L'éosinate d'argent
permet aussi d'obtenir une bonne reproduction des
couleurs composées.

Lorsqu'on photographie le spectre solaire à l'aide

de plaques sensibilisées à là cyanine seulement, on
obtient en général, et surtout pour de faibles durées
de pose, une image incomplète : le maximum d'absorption étant, comme on l'a déjà, dit entre C et D. On
peut remédier à cet inconvénient en interposant sur
le trajet du faisceau lumineux des écrans colorés
permettant de faire poser ultérieurement le bleu et
le vert bleu, mais il est plus commode d'employer
l'artifice indiqué par M. Valenta : baigner la plaque
avant l'exposition dans une solution de

Alcool........ ....   1ᶫⁱᵗ
Nitrate d'argent...... ....   5 ᵍʳ
Acide acétique.....   5

Ce bain a pour effet d'augmenter la sensibilité générale de la couche et, par le fait, de permettre de réduire la pose.

Les indications précédentes concernent les émulsions au gélatinobromure; si l'on se sert d'émulsions
contenant aussi du chlorure, on bénéficiera de cet
avantage, consistant en ce que le chlorure d'argent
subit beaucoup plus facilement l'action des sensibilisateurs que le bromure (EDER, *Handbuch der Photographie*, 1890). Malheureusement les émulsions au
chlorobromure d'argent, si recommandables par leur
extrême finesse, sont d'une sensibilité très peu élevée; toutefois, on arrive à composer des mélanges de
chlorure et de bromure permettant de reproduire les
couleurs du spectre d'une manière très satisfaisante.
On se servira comme sensibilisateur de cyanine et

d'érythrosine. La cyanine (1,5 de solution de cyanine pour 100 de liquide), incorporée à l'émulsion, la rend apte à reproduire les rayons rouges, jaunes et verts.

Il faut rapprocher de ces faits cette observation consignée par Vidal, d'après Vogel (*Manuel pratique d'Orthochromatisme*, p. 76), que le collodion présente une supériorité incontestable sur la gélatine pour les préparations orthochromatiques. Les expérimentateurs remarqueront vite, en faisant des expériences comparatives, que l'éosine, la cyanine, etc., donnent, avec le collodion, des résultats encore plus marqués que ceux que l'on obtient avec de la gélatine en présence des mêmes sensibilisateurs. Ainsi, d'après Vogel, la fuschine détermine, sur le collodion au bromure d'argent, une sensibilité pour le vert jaune qui dépasse presque du double la sensibilité pour le bleu, c'est-à-dire qu'il faut exposer deux fois aussi longtemps à l'action du spectre pour obtenir dans le bleu la même intensité que pour le jaune.

Sur gélatine, avec la fuschine, la sensibilité pour le jaune est tout au plus $\frac{1}{60}$ de la sensibilité pour le bleu. Il en est de même pour l'éosine. Donc, l'action sensibilisante sur le collodion au bromure d'argent est bien plus forte que sur la gélatine au bromure d'argent.

On doit rapprocher de cette observation celle qu'Eder a faite relativement au mode d'action des sensibilisateurs. Ce savant, qui s'occupe de cette question depuis fort longtemps (*Comptes rendus de l'Académie des Sciences de Vienne*, 1884; — *Photo-*

phische Correspondenz, 1885 (¹), p. 358 et suivantes),
a formulé les conclusions suivantes comme résultat
de ses longues études spectroscopiques sur les sensibilisateurs :

La première condition que doit remplir une substance pour agir comme sensibilisateur des sels
haloïdes d'argent est de colorer le grain du bromure
d'argent. Les matières qui sensibilisent fortement
sont celles qui colorent directement et probablement
par attraction moléculaire. D'après M. Eder, il faut
donc que le sensibilisateur colore la molécule do
bromure elle-même, et M. le baron de Hübl, qui a étudié la question expérimentalement, fait cette remarque
que l'éosine ne se comporte pas de la même manière
avec les solutions qu'avec les émulsions. En effet, il
a constaté que le bromure d'argent préparé avec un
excès de bromure soluble n'est pas coloré par l'éosine,
ni sensibilisé par elle, tandis que le bromure d'argent précipité en présence d'un excès de nitrate d'argent est sensibilisé. Il en est do même du rouge de
quinoléine et de la cyanine. On observe de plus que
pour la cyanine, on peut la rendre apte à agir sur le
bromure en le préparant d'une certaine manière (par
l'adjonction, par exemple, d'une trace de nitrate d'argent). Le baron de Hübl résume ainsi ses conclusions, qui confirment celles auxquelles M. Eder était
parvenu :

(¹) *Wirkungsweise der Sensibilisatoren* (*Photographische Correspondenz*, octobre 1894, p. 457-462).

Pour qu'une matière colorante agisse comme sensibilisateur, il faut qu'elle colore le grain du bromure d'argent ou tout au moins qu'elle soit en contact intime avec le sel haloïde ([1]). Sa présence dans le substratum encore humide ne suffit pas, il est nécessaire que la combinaison ait lieu entre le sel d'argent et le sensibilisateur.

On peut ajouter à ces faits les diverses observations suivantes faites aussi par M. de Hübl :

Le collodion au bromure d'argent, préparé avec un excès de bromure soluble, puis lavé, n'est pas coloré par la cyanine, même en présence d'un sensibilisateur chimique tel que la narcotine. Le gélatinobromure d'argent préparé de la même manière est fortement sensibilisé par la cyanine qui colore le grain de l'émulsion ([2]). La gélatine favorise donc fortement l'action sensibilisatrice de certaines matières colorantes, *dans certains cas spéciaux.* En général, en effet, le collodion donne de bien meilleurs résultats au point de vue de l'orthochromatisme.

En résumé, les facteurs dont il faut tenir compte en cette délicate question sont nombreux et la solution parfaite est malaisée à trouver.

1° D'une part, l'augmentation de sensibilité de l'émulsion coïncide avec l'accroissement des dimensions du grain;

2° D'autre part, la reproduction des couleurs exige

([1]) *Photographische Correspondenz*, 1894, p. 453-450.
([2]) *Photographische Correspondenz*, octobre 1894, p. 461.

une couche transparente, continue et sans grains.

On se heurte donc à une double difficulté : fait-on mûrir l'émulsion, elle devient beaucoup plus rapide, mais alors n'est pas apte à reproduire les couleurs; emploie-t-on au contraire une couche très homogène et d'une grande ténuité, sa sensibilité est alors peu élevée et la durée d'exposition doit être prolongée d'une manière exagérée.

3° En outre, d'après Eder, la gélatine donne une bien plus grande rapidité que le collodion, les émulsions au gélatinobromure étant les plus rapides que l'on connaisse;

4° Mais le collodion, d'après Vogel, est un meilleur sensibilisateur que la gélatine. Il faut donc ici encore choisir le juste milieu et déterminer quelles sont les conditions les plus favorables;

5° De plus, les expériences de Hübl et Eder prouvent que les émulsions à grains grossiers subissent beaucoup mieux l'influence des sensibilisateurs que celles renfermant les haloïdes à l'état colloïdal; mais elles sont bien moins aptes à reproduire les couleurs que les dernières : lorsque les particules du grain ont des dimensions considérables par rapport à la longueur d'onde des radiations incidentes, il est bien évident que le phénomène découvert par M. Lippmann ne saurait se produire.

7° Enfin, les émulsions au chlorure donnent de meilleurs résultats au point de vue de l'orthochromatisme, mais elles sont inférieures à celles au bromure quant à la sensibilité.

On pourra donc dresser un Tableau indiquant les conditions du problème et permettant de chercher la solution dans un certain nombre de cas.

Rapidité.

Émulsion à grain grossier. | au bromure d'argent. | à la gélatine.

Orthochromatisme.

Émulsion à grain grossier. | au chlorure d'argent. | au collodion

Chromophotographie.

| Émulsion à couche conti-nue sans grains........... | au chlorobromure d'ar-gent. | au collodion et à la gé-latine. |

Dans tous les cas où l'on pourra prolonger la pose sans difficulté, on donnera la préférence au collodion sensibilisé au chlorobromure d'argent (avec cyanine et érythrosine). Si, au contraire, on veut obtenir l'épreuve aussi rapidement que possible, on se servira du gélatinobromure colloïdal.

Comme on vient de le voir, le choix du substratum est fort important, celui de la matière colorante ne l'est pas moins. Il importe donc de connaître l'action des divers corps susceptibles d'être employés pour obtenir l'orthochromatisme. Si l'on connaissait une substance capable de sensibiliser le gélatinobromure pour toutes les couleurs du spectre, on n'aurait pas à chercher longtemps; malheureusement cette substance précieuse n'existe pas, il faut donc lui en substituer un certain nombre d'autres produisant par leur ensemble l'effet désiré.

De nombreux chercheurs, parmi lesquels il faut signaler en première ligne Vogel, Eder, de Hübl, Vidal, ont découvert une longue série de corps permettant de faire une sélection intelligente. Le Tableau suivant indique le mode d'emploi et l'action d'un certain nombre de ces sensibilisateurs.

Éosine.................... (tétrabromofluorescéine)	Solution à $\frac{1}{1000}$ FORMULE : Eau...... 100 cc Solution.. 25	produit une bande d'absorption dans la région du vert jaune.
Érythrosine .... (tétraïodofluorescéine).	Solution à $\frac{1}{1000}$ FORMULE : Eau...... 100 cc Solution. 13	bande d'absorption dans le jaune.
Cyanine .... (bleu de quinoléine).	Solution à $\frac{1}{1000}$ FORMULE : Eau..... 100 cc Alcool.∴. 5 cc Solution. 5 à 10	bande d'absorption dans le rouge et l'orange.
Violet de méthyle........ (chlorhydrate de triméthylrosaniline).	Solution à $\frac{1}{1000}$ FORMULE : Eau..... 100 cc Solution. 4 à 5	bande d'absorption dans le jaune et l'orange.
Vert malachite.......... (vert d'aldéhyde benzoïque).	Solution à $\frac{1}{1000}$ FORMULE : Eau..... 100 cc Solution. 4 à 5	bande d'absorption dans le rouge, le jaune et le vert.

Rouge de naphtaline..... (avec collodiobromure).	....	bande d'absorption dans le vert.
Fuschine................ (avec collodiobromure).	....	bande d'absorption dans le vert et le jaune.
Azaline................ (mélange de cyanine et de rouge de quinoléine).	....	bande d'absorption dans le rouge, l'orange, le jaune.
Chrysaniline............	....	bande d'absorption dans le vert jaune.
Rouge de quinoléine.....	....	bande d'absorption dans le rouge, l'orangé, le jaune.

Lorsqu'on emploie le procédé de sensibilisation au bain, l'immersion de la plaque ne doit pas durer plus d'une ou deux minutes.

CHAPITRE IV.

----

1. — Procédé Lippmann.

Tous les révélateurs ne conviennent pas au développement de l'image polychrome; les couleurs étant produites par de minces lamelles, il est nécessaire que l'argent réduit ne soit pas noir comme cela se produit avec les plaques ordinaires, mais forme un précipité de couleur claire, apte à réfléchir les rayons lumineux. En tout cas, on modifiera la formule selon l'émulsion employée. Si l'on s'est servi d'une couche albuminée, deux procédés permettent de révéler l'image latente : le développement acide et le développement alcalin.

Le révélateur à l'acide gallique est le plus simple et le plus pratique :

$$
\begin{array}{ll}
\text{Eau distillée.} \dotfill & 1^{\text{lit}} \\
\text{Acide gallique.} \dotfill & 1^{\text{gr}}
\end{array}
$$

Le bain agit lentement. On peut le rendre plus

actif par une adjonction de quelques gouttes d'acéto-
nitrate d'argent.

Lorsque l'image a acquis la vigueur suffisante, on
met immédiatement la plaque dans l'eau pour arrêter
l'action de l'acide gallique.

« Si l'on emploie le développement acide (acide
gallique, par exemple), il faudra poser un peu plus
longtemps, et pousser le développement à fond; si
l'on se sert du développement alcalin, il sera préférable de poser un peu moins longtemps, à cause de
la plus grande activité du développement.

» Dans tous les cas, l'opération devra être conduite avec l'idée que l'on doit produire de l'argent
réfléchissant dans l'épaisseur même de la plaque. Si
l'on juge l'épreuve insuffisante, on peut, avant le
fixage, la renforcer à l'acide. Il faut éviter toutefois
de ne pas trop insister sur ce renforçage, à cause des
empâtements qui pourraient se produire dans la
couche et masquer le phénomène de réflexion métallique sur les lames d'argent destinées à reproduire
les couleurs (¹) ».

Deux agents révélateurs servent également au développement des négatifs au collodion : le sulfate de
fer et l'acide pyrogallique.

Le premier, en solution étendue, permet de sur-
veiller la venue de l'image qui paraît graduellement,
mais gagne peu en intensité; le second, plus éner-

(¹) BERGET (A.), *Photographie des couleurs*, p. 46 ; 1891 (Paris,
Gauthier-Villars et fils).

gique, exige une pose plus longue, mais donne des clichés plus opaques.

Eau..	1 lit
Sulfate de fer......................................	30 gr
Alcool...	30 cc
Acide acétique cristallisable..................	25

Acide pyrogallique..............................	1 gr
Eau distillée..	300 cc
Acide acétique cristallisable..............	30

Ces deux développateurs doivent être préparés de date récente pour donner de bons résultats.

2. — Formule Lumière.

Dans la communication déjà citée, faite par MM. Lumière à la Société française de Photographie, ces expérimentateurs publient la formule de développement qui leur a donné les meilleurs résultats.

Le révélateur qu'ils ont toujours employé est ainsi constitué :

SOLUTION I.

Eau.....................................	200 cc
Acide pyrogallique...................	1 gr

SOLUTION II.

Eau......................................	100 cc
Bromure de potassium................	10 gr

SOLUTION III.

Ammoniaque caustique...........	D = 0,960 à 18°.

7.

Pour développer, ou prend :

```
Solution I.......................................  10cc
Solution II......................................  15
Solution III.....................................   5
Eau..............................................  70cc
```

Le titre de l'ammoniaque a une importance très nette, car des variations assez faibles dans les proportions ci-dessus diminuent, vite l'éclat des colorations.

Un révélateur constitué par une dissolution ammoniacale de chlorure cuivreux a donné également de bons résultats; mais son instabilité très grande en rend l'emploi peu pratique.

3. — Formule Valenta.

```
A. Pyrogallol....................................   4gr
   Eau...........................................  400cc
   Acide nitrique................................   6 gouttes

B. Bromure de potassium..........................   10gr
   Eau...........................................  400cc
   Sulfite d'ammonium............................   12gr
   Ammoniaque (D = 0,91).........................   14
```

On mélange 2 ou 3 parties de B avec 1 partie de A et 12 à 14 parties d'eau. Le précipité d'argent est clair. Pendant le développement et le fixage, les couleurs ne sont pas visibles, mais elles apparaissent après lavage et séchage.

M. Valenta a employé aussi le révélateur Lumière légèrement modifié :

    A. Eau... 100 cc
        Pyrogallol.................................. 1 gr

    B. Eau..... .... 200 cc
        Bromure de potassium.................... 20
        Ammoniaque (D = 0,960 à 18° C.)........ 67

On mélange :

    Solution A.................................... 10 cc
    Solution B.................................... 20
    Eau... 70

Si l'on s'est servi de plaques au chlorobromure d'argent, on diluera ce développateur en ajoutant 50 pour 100 d'eau et l'on posera largement. On laissera agir le bain jusqu'à ce que l'on ait obtenu la vigueur suffisante.

CHAPITRE V.

1. — Fixage.

M. Lippmann s'est servi du dissolvant habituel des chlorure, bromure et iodure d'argent. Les proportions sont celles que l'on adopte généralement :

Eau.. 1000 cc
Hyposulfite de soude........... .... 150 gr

Le fixage s'effectue très rapidement, étant donnée la faible épaisseur des couches de collodion ou d'albumine.

MM. Lumière et Valenta ont reconnu qu'il était préférable de substituer le cyanure de potassium à l'hyposulfite. On obtient ainsi des couleurs plus vives et plus brillantes, le cyanure faisant disparaître le léger voile qui pourrait s'être formé lors du développement. M. Louis Lumière indique une solution à 5 pour 100 agissant pendant dix à quinze secondes, comme produisant l'effet désiré ; M. Valenta, une solution à 4 ou 5 pour 100, agissant pendant dix à vingt secondes.

Il est bon d'ajouter, pour les personnes qui craignent de manipuler des substances aussi toxiques que le cyanure de potassium, que ce sel n'est absolument pas indispensable : on peut parfaitement se servir d'hyposulfite, et certains opérateurs s'en servent exclusivement. (*Voir* les observations du D⁽ Neuhauss.)

Pour les plaques au chlorobromure d'argent, il y aurait probablement avantage à se servir comme fixateur de la thiosinnamine. On connaît les propriétés de cette substance qui fixe et clarifie en même temps.

2. — Renforçage.

Quelque extraordinaire que puisse paraître le fait du renforçage en cette matière, il n'en est pas moins une réalité. M. Lippmann a parfaitement réussi à renforcer ses photochromies sur collodion ou albumine, en se servant du développateur acide.

Si l'on a employé les émulsions Lumière ou Valenta, le mode opératoire est des plus simples. On procède comme pour les clichés ordinaires, c'est-à-dire qu'après les avoir fixés, lavés et séchés, on les plonge dans un bain de bichlorure de mercure, puis, après lavage, dans une solution étendue d'hyposulfite. M. Valenta a fait à ce sujet une observation intéressante : on parvient à faire paraître les couleurs sur des glaces peu posées et où elles ne sont pas perceptibles après fixage, en soumettant ces glaces au renforçage. On les immerge dans une solution très diluée de sublimé corrosif, puis, lorsque l'image a blanchi, on la réduit avec un bain développateur à l'amidol (amidol et sulfite de soude anhydre). Les couleurs apparaissent après séchage. On remarque alors qu'elles ne concordent pas toujours très bien avec celles de l'original et qu'elles sont produites par les couches superficielles de l'émulsion.

Le Dʳ Neuhauss affirme que la méthode de renforcement indiquée par MM. Lumière et Valenta ne lui a jamais réussi : le renforçage au bichlorure de mercure faisant disparaître presque entièrement les couleurs.

Ces divergences proviennent vraisemblablement de la manière dont on prépare l'émulsion. Il faut éviter de dépasser la température de 40°.

En outre, lors du renforçage, on n'emploiera que des solutions très diluées.

3. — Sensibilité des préparations.

On peut déterminer a *priori*, d'une manière approximative, le degré de sensibilité des « émulsions » servant à la reproduction des couleurs. On sait, en effet, que le collodion sec, par exemple, est environ cinquante mille fois moins rapide que le gélatinobromure : un cliché qui demanderait une seconde avec des plaques au gélatinobromure devrait être exposé environ seize heures avec des plaques au collodion sec, les circonstances restant les mêmes. Dans ces conditions, quel que soit le désir que l'on ait de se faire « photochromier », il est évident que le portrait devient peu aisé. Il est juste de constater que l'on peut facilement employer des objectifs donnant le centième et même le millième avec le gélatinobromure : la durée de la pose pour le collodion serait donc réduite en proportion. Dans le dernier cas ($\frac{1}{1000}$ de seconde) elle ne serait plus que d'une minute pour le collodion sec. Mais l'objectif n'est pas le seul facteur que l'on puisse modifier, l'éclairage et surtout l' « émulsion » des plaques peuvent être rendus beaucoup plus favorables. Les formules de Lumière et Valenta permettent, en effet, d'obtenir des préparations beaucoup plus sensibles que le collodion sec ou l'albumino iodure. Le Dr Neuhauss, qui a entrepris de déterminer le rapport de sensibilité entre ces préparations et les plaques ordinaires du commerce, a trouvé des résultats encourageants. Comme les valeurs changent notablement avec chaque préparation, il est nécessaire d'indiquer dans quelles conditions il les a obtenues.

Les plaques essayées ont été préparées à 40° C. (température du mélange des deux émulsions). Elles ont servi à une reproduction microphotographique colorée (*Distomum lanceolatum*). L'éclairage de l'objet était produit au moyen d'une lampe à gaz Auer. Le temps d'exposition nécessaire pour obtenir un cliché vigoureux sur plaque ordinaire, rendue orthochromatique par un bain Sachs, fut d'une seconde. La plaque photochromique pour reproduire correctement les couleurs ne demanda pas moins de trois heures quinze minutes, soit dix mille secondes. Les plaques Lumière ou Valenta préparées à 40° C. sont donc environ dix mille fois moins rapides que les plaques ordinaires du commerce.

On a dit plus haut que le collodion sec était cinquante mille à soixante mille fois moins sensible que le gélatinobromure. On voit quel sérieux progrès a déjà été accompli, surtout si l'on songe que le collodion sec, pour être rendu apte à reproduire les couleurs, doit être sensibilisé comme les émulsions Lumière ou Valenta, au moyen de substances colorantes qui diminuent encore la rapidité générale. Les nouvelles plaques sont donc au moins cent fois plus rapides que les anciennes.

4. — Préparation de l'émulsion.

La préparation de l'émulsion ne présente pas de sérieuse difficulté. Elle n'exige aucun appareil spécial. Quant à l'étendage, il est aisé pour tous ceux qui ont pratiqué le collodion humide. Comme la couche sensible doit être très mince, on se servira avec avantage de l'appareil centrifuge (*fig.* 4) indiqué par M. Valenta. La plaque de verre est fixée au centre à l'aide de deux pinces, de manière à éviter sa projection pendant la rotation. On peut confectionner soi-même très facilement un appareil rendant à peu près les mêmes services que le précédent. Pour cela, on

prend un disque de bois (*fig.* 6) un peu lourd auquel
on attache trois cordons de même longueur. On réunit
les extrémités de ces cordons de manière à obtenir
un appareil semblable au plateau d'une balance. Sur
ce plateau, on fixe, à l'aide de crochets, la plaque de
verre contenant l'émulsion, puis on tord les trois cor-

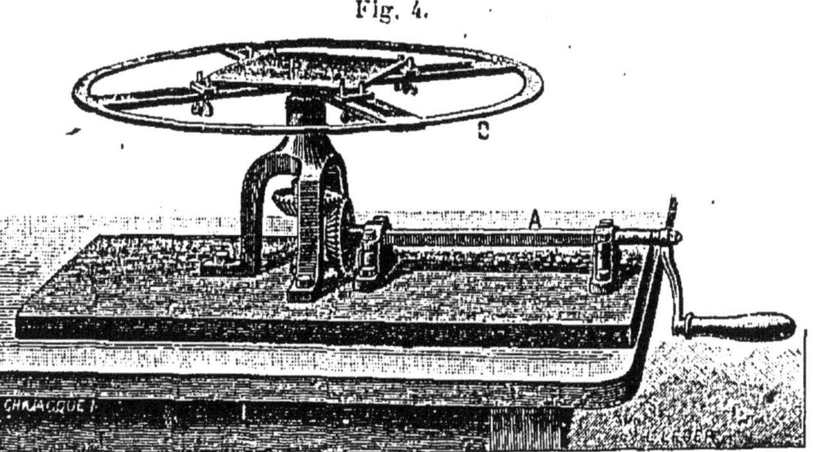

Fig. 4.

Tournette.

dons aussi fort que possible. On laisse alors l'appareil libre; les cordons, en se déroulant, impriment au
disque de bois un vif mouvement de rotation que
l'on peut activer encore en suspendant un poids plus
ou moins lourd à la partie inférieure du disque.

D'après les recherches de MM. Lumière, Valenta,
Neuhauss, la température à laquelle s'effectue le mélange des deux solutions constituant l' « émulsion »
ne doit pas être supérieure à 40°. Plus elle sera basse,

moins les plaques seront rapides, mais aussi plus les couleurs viendront bien au développement.

M. Neuhauss a constaté que la température de séchage influait considérablement sur la qualité de

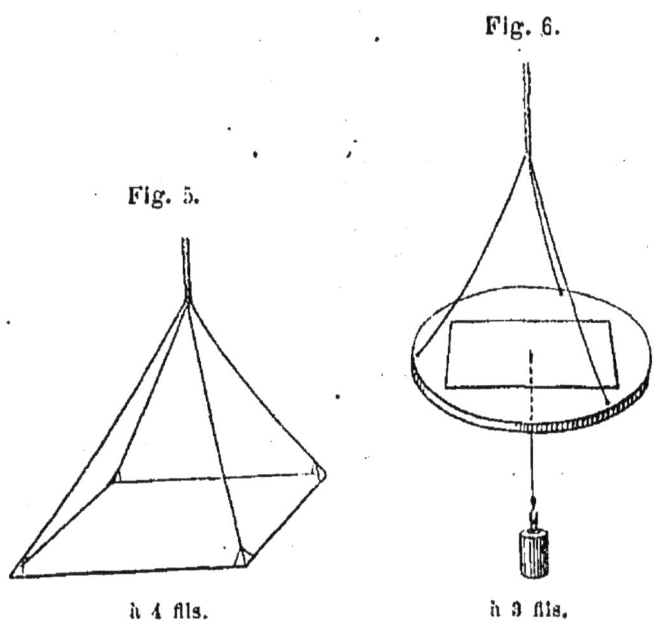

Tournette simplifiée.

l'émulsion. Pour obtenir des plaques donnant des résultats satisfaisants, il est indispensable, d'après lui, de les sécher à une température aussi voisine que possible de celle de fusion de la gélatine, tout en lui étant évidemment inférieure (donc à une température de 25° C. environ). Fait-on sécher les plaques, après développement, fixage, lavage, à une température plus basse, la couche de gélatine conserve une certaine

humidité qui nuit à l'exactitude des teintes. Si l'on n'a
pas soin de conserver les épreuves dans l'air sec,
elles absorbent la vapeur d'eau contenue dans l'at-
mosphère, ce qui a pour effet de modifier les couleurs.
Pour les protéger contre toute action nuisible, on
recouvre la plaque une fois sèche, d'une couche de
baume du Canada. Cette mesure préventive, indiquée
et employée avec succès par M. Lumière, ne donne
pas toujours de très bons résultats. M. Neuhauss se
plaint de n'avoir pas réussi : les couleurs perdent
beaucoup en éclat ou même s'effacent complètement (¹). De fait, en cette matière comme en une infinité d'autres, on ne peut rien décider d'absolu. Deux
plaques sensibles, préparées, exposées, développées,
en un mot traitées d'une manière sensiblement identique, donnent des résultats très différents.

Cette irrégularité est, sans nul doute, le plus grand
écueil auquel se heurtent actuellement tous ceux qui
s'occupent de reproduction interférentielle. Il ne faut
pourtant pas se décourager. Si l'on songe aux difficultés sans nombre que présentait la première méthode
de Daguerre, et si l'on se reporte à la simplicité du
procédé au gélatinobromure employé actuellement,
on est en droit d'espérer une évolution semblable et
aussi prochaine.

(¹) *Photographische Rundschau*, novembre 1894, p. 329.

CHAPITRE VI.

MATÉRIEL PROPRE A LA PHOTOCHROMIE INTERFÉRENTIELLE.

Bien que la mise en œuvre des procédés indiqués par MM. Lippmann, Lumière et Valenta n'exige pas un matériel absolument spécial, elle demande néanmoins certaines modifications des appareils dont on se sert pour la Photographie ordinaire.

1. — Objectif.

On ne peut songer à faire usage des lentilles et des objectifs simples. Étant donné le peu de sensibilité des émulsions employées, on devra avoir recours aux objectifs les plus lumineux, c'est-à-dire couvrant la plus grande surface possible, avec le plus grand diaphragme possible, tout en ayant le foyer le plus court possible. A cet effet, les anciens objectifs à portrait, que l'on peut se procurer à très bon compte chez les marchands d'appareils d'occasion, rendront d'excellents services. Depuis la fin de l'âge d'or du collodion et la venue du gélatinobromure cent fois plus rapide, on avait renoncé à ces véritables machines, lourdes et encombrantes, mais précieuses lorsqu'il s'agit d'obtenir une grande intensité lumineuse.

Si l'on a quelque répugnance à faire appel au concours de ces vétérans d'un autre âge, on pourra demander aux opticiens leurs combinaisons les plus lumineuses : Anastigmat Zeiss, Anastigmat double Goerz, Collinear Voigtländer, Aplanétiques Berthiot, Derogy, enfin tous les objectifs à portrait du genre Petzval.

2. — Chambre noire.

Toutes les chambres noires peuvent servir à la Photographie des couleurs. Mais ici encore, il semble qu'il y aurait avantage à revenir aux premiers modèles de la daguerréotypie. On trouvera à bas prix chez les antiquaires d'anciennes chambres noires accompagnées de châssis volumineux. Ces derniers devront subir une légère transformation, comme on l'indiquera plus loin.

3. — Châssis.

Le châssis négatif constitue à proprement parler le seul organe caractéristique de l'appareil photographique dont il s'agit ici. Aussi divers modèles ont-ils été proposés et construits par les expérimentateurs. Le premier modèle et le plus simple de tous est celui qui a servi à M. Lippmann dans ses mémorables expériences sur la reproduction du spectre solaire.

8.

1° *Châssis Lippmann.* — Voici la description qu'en donne M. Berget, attaché au laboratoire de M. Lippmann :

« Il sensibilise une glace ordinaire, et forme avec cette glace G la paroi antérieure d'une petite auge

Fig. 7.

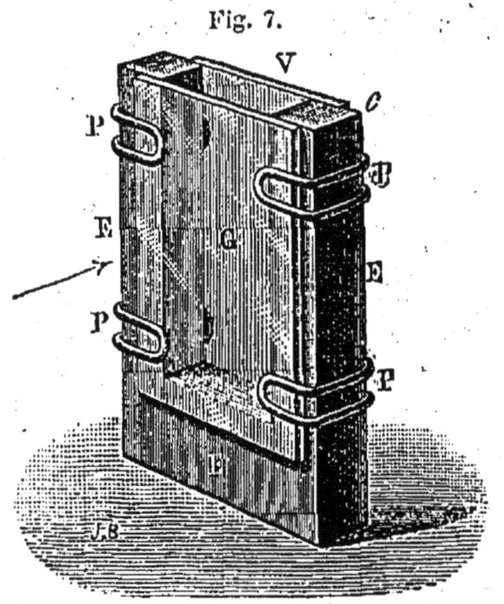

Châssis Lippmann.

rectangulaire (*fig.* 7) dont les parois latérales sont constituées par un cadre d'ébéniste E et dont le fond est une plaque de verre V. Les deux glaces G et V sont serrées contre le cadre par des pinces en laiton P, P. On verse alors du mercure dans l'auge. Comme la couche sensibilisée de la glace est tournée vers l'intérieur, elle est directement en contact avec le mercure qui, s'il a été versé à l'aide d'un entonnoir long et fin descendant jusqu'au fond de la petite auge, la remplit sans laisser de bulles d'air et forme, derrière la couche impressionnable, un miroir parfait : ce petit appareil, que tout le monde peut facilement construire en quelques instants, réalise pratiquement toutes les conditions imposées par la théorie.

» Pour faire la mise au point, on saisit l'auge dans un support à pinces, analogue à ceux que l'on trouve dans les laboratoires de Chimie, et que l'on cale contre le fond ouvert d'une chambre photographique ordinaire : on met à la place de la glace sensible un petit carreau dépoli dont le côté mat est tourné vers l'intérieur de la petite cuve, et l'on met au point avec la crémaillère dont nous supposons la chambre munie. (Toute chambre 13 × 18 a des dimensions suffisantes pour cette opération.)

» La mise au point étant faite, on desserre les pinces P, on enlève la petite glace dépolie qu'on remplace par la glace sensibilisée; on installe cette dernière, la couche sensible tournée vers l'intérieur de la cuve; on fait le remplissage et l'on peut commencer la pose. La *fig.* 8 représente la façon dont M. le professeur Lippmann a disposé, dans son laboratoire des Recherches physiques de la Sorbonne, l'expérience de la Photographie des couleurs du spectre. Dans cette figure, L représente la lampe électrique, F une fente sur laquelle la lumière est concentrée à l'aide d'une lentille; à la suite de cette fente est une seconde lentille qui reprend la lumière et en forme un faisceau parallèle; P est le prisme à vision directe qui décompose la lumière blanche et produit le spectre; O est l'objectif de la chambre photographique C, et enfin E représente la cuve à

Fig. 8.

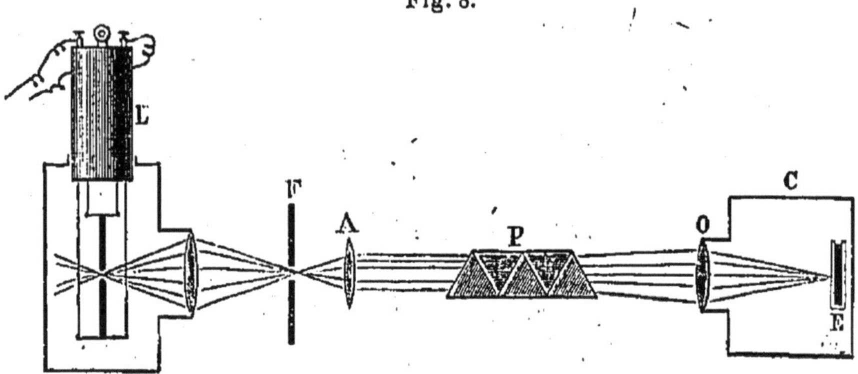

Dispositif employé par M. Lippmann pour photographier le spectre.

mercure précédemment décrite et supportant la plaque sensibilisée (¹). »

2° *Châssis Lumière.* — M. Louis Lumière a imaginé un dispositif plus pratique que le précédent.

« Le châssis est constitué par un cadre en bois A (*fig.* 9) présentant à sa partie inférieure une feuillure B, garnie d'un caoutchouc à section rectangulaire, contre laquelle on peut appliquer la plaque sensible S. La planchette postérieure C de ce châssis porte sur ses bords une autre garniture H de caoutchouc souple formant joint; elle est munie aussi d'une feuillure G maintenue contre le cadre du châssis par un ressort

---

(¹) BERGET, *Photographie des couleurs*, p. 41-43.

R. Cette planchette est percée à sa partie inférieure
d'un orifice dans lequel on a mastiqué un tube à robinet communiquant avec une poire en caoutchouc P
remplie de mercure parfaitement pur et propre. La

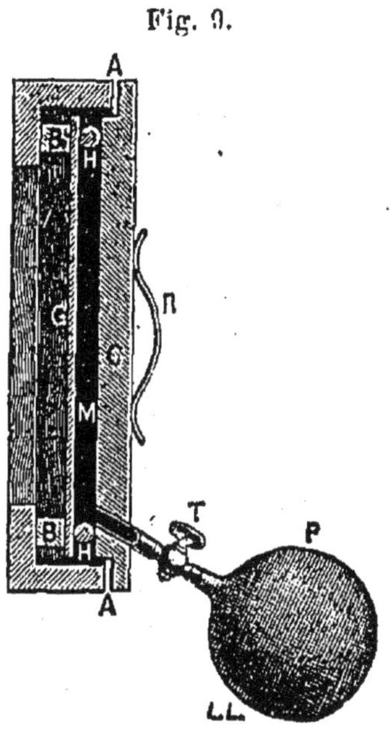

Fig. 9.

Châssis Lumière.

plaque sensible étant placée contre la feuillure B, la
couche impressionnable tournée vers l'intérieur (le
mercure doit baigner cette couche), on incline légèrement le châssis, puis on fait pénétrer le mercure
dans l'espace V, en exerçant sur la poire P une pression régulière, de manière à ce qu'il n'y ait pas de
temps d'arrêt pendant l'ascension de ce mercure.
Lorsque la cuvette est remplie, on ferme le robinet T,

puis on procède à l'exposition de la plaque; cette
opération terminée, on vide la cuvette en ouvrant
simplement le robinet T (¹). »

3° *Châssis Valenta*. — Voici la description du
châssis Valenta (*fig.* 10 et 11) (²) :

Il se compose d'un cadre en bois dans lequel peut

Fig. 10.

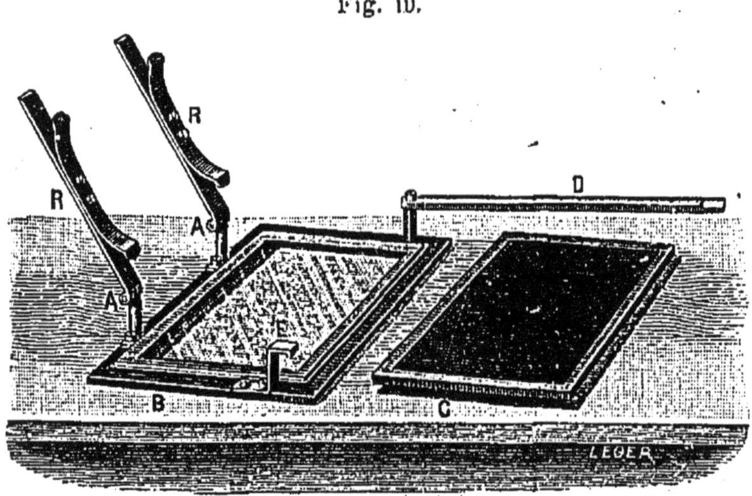

Châssis Valenta.

se placer un couvercle de fer contenant le mercure et
la plaque. Le tout forme un appareil offrant quelque
analogie avec les châssis-presses ordinaires pour positifs. Une garniture de caoutchouc, fixée au pourtour

(¹) *Cosmos*, n° 452, 23 septembre 1893, p. 233.
(²) VALENTA, *Die Photographie in natürlichen Farben*, 1894,
p. 59.

du cadre, permet de rendre la fermeture parfaitement
hermétique, tandis que deux ressorts, fixés à l'aide
d'un levier, serrent le couvercle de fer contre le cadre
de bois et empêchent ainsi toute fuite du mercure.
Ce dernier métal est introduit dans la cavité intérieure par deux orifices ménagés dans le couvercle et

Fig. 11.

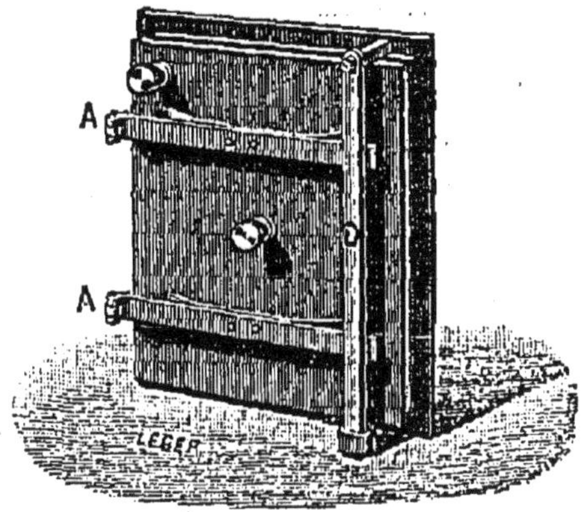

Châssis Valenta.

fermés à l'aide de vis. Le fonctionnement est des plus
simples : on commence par placer la plaque sensible
dans le cadre, sur la bande de caoutchouc, la couche
sensible tournée vers le haut, puis on superpose la
cuvette de fer et l'on ferme les ressorts. Il ne reste
plus qu'à verser le mercure par les orifices ménagés
à cet effet et à obturer ces orifices au moyen des vis.
Le châssis est alors prêt. On ne saurait évidemment
s'en servir avec les chambres noires ordinaires; mais
ces dernières peuvent être munies d'un prolongement

destiné à abriter le châssis Valenta pendant la pose.
La principale difficulté réside dans la mise au point.
Il est, en effet, absolument nécessaire que le verre
dépoli occupe la même place que la couche sensible.
On fera donc de nombreux essais préliminaires en se
servant de plaques de verre dépoli que l'on substi-
tuera à la plaque sensible dans le châssis négatif.

4° *Châssis doubles*. — Il est aisé d'imaginer diverses formes de châssifs négatifs. Pour le voyage,
on a intérêt à diminuer le poids et les dimensions du
bagage, on aura donc recours aux châssis doubles
permettant d'emporter un plus grand nombre de
plaques sous un même volume. Les anciens châssis
simples servant au collodion humide pourraient remplir le même office.

Supposons que l'on possède un châssis double ordinaire, c'est-à-dire un de ceux que l'on emploie pour
la Photographie au gélatinobromure. Soient 13ᶜᵐ sur
18ᶜᵐ ses dimensions. On commencera par supprimer
la paroi, généralement en carton noir, qui sépare les
deux versants. L'espace compris entre les taquets
destinés à retenir les plaques deviendra donc un peu
plus grand. Il sera égal à environ trois ou quatre épaisseurs de plaque de verre. Le châssis ainsi modifié est
apte à recevoir la glace double. Cette dernière sera
formée de deux plaques 13×18 recouvertes d'une
couche sensible Lumière ou Valenta. Elles seront placées de manière que leurs couches soient en regard
l'une de l'autre; un cadre de caoutchouc, de 1ᵐᵐ ou 2ᵐᵐ

d'épaisseur et de 1^{cm} de largeur environ, sera placé sur l'une des plaques, tandis que l'autre plaque lui sera superposée. On forme ainsi un tout comprenant deux plaques sensibles (la couche tournée à l'intérieur), séparées par un cadre de caoutchouc. L'intérieur du cadre est destiné à recevoir le mercure. Ce dispositif fait perdre sans doute 1^{cm} sur le pourtour de la plaque (qui devient 11 × 16), mais il permet de préparer à l'avance un certain nombre de plaques doubles et n'exige que peu de mercure, vu la faible distance qui sépare les deux glaces. Le mode opératoire est des plus simples : on commence par placer la première glace sensible sur une table bien horizontale, puis on fixe sur ses bords le cadre de caoutchouc. On verse alors à l'intérieur une couche de mercure en en mettant un léger excès, puis on ferme cette cuvette improvisée en se servant de la deuxième plaque sensible comme couvercle. L'excès de mercure s'échappera par les bords. On aura donc soin de faire cette opération dans un récipient permettant de recueillir les globules chassés : un simple tiroir dont on a garni les angles de papier convient parfaitement. Pour presser les deux plaques l'une contre l'autre et rendre la fermeture très hermétique, on se servira de deux petits leviers fixés aux extrémités et de crochets placés latéralement. Si les crochets font trop saillie et s'opposent à l'introduction des doubles plaques dans le châssis, on ménagera dans les parois de ce dernier des ouvertures convenables. Les châssis à tabatière seraient peut-être d'un usage plus pratique.

On pourrait encore employer, à la place du cadre de caoutchouc, un simple cadre de carton que l'on collerait sur ses deux faces. L'ensemble formerait alors un tout très rigide. Pour l'introduction du mercure, on opérerait comme ci-dessus ou bien en se servant de l'artifice suivant. Avant de fixer le cadre aux deux plaques, on aurait percé à sa partie supérieure un petit canal mettant la cavité intérieure en communication avec l'extérieur. Ce canal sert à l'introduction du mercure. A cet effet, on souffle un entonnoir à tube très effilé que l'on entre dans le canal et l'on verse le mercure dans l'entonnoir jusqu'à ce que la cuvette soit pleine. On peut fermer l'orifice du canal au moyen d'un bouchon de bois ou d'une goutte de cire à cacheter ([1]).

5° *Châssis Contamine-Richard.* — En 1894, M. Contamine a présenté à la Société photographique du Nord un châssis que M. Richard vient de perfectionner. Cet appareil (*fig.* 12) se distingue par cette particularité qu'il possède un réservoir, où le mercure se déverse lorsqu'on le pose à plat pour changer la plaque sensible. Il ne comporte aucun organe de caoutchouc pouvant sulfurer le mercure ; il est tout entier en bois et en fer, et peut être transporté sans avoir besoin

---

([1]) On peut se procurer des châssis pour la photographie des couleurs chez MM. Marco Mendoza, à Paris, boulevard Saint-Germain, 148 (châssis Lumière), et chez MM. Braun, à Berlin, Koniggrätzstrasse, 3 (châssis Braun).

d'être vidé. Il se compose, d'après la description qu'en donne M. Richard dans le *Bulletin de la Société française,* d'une caisse de bois dans laquelle se trouve un réservoir A', destiné à recevoir le mercure quand

Fig. 12.

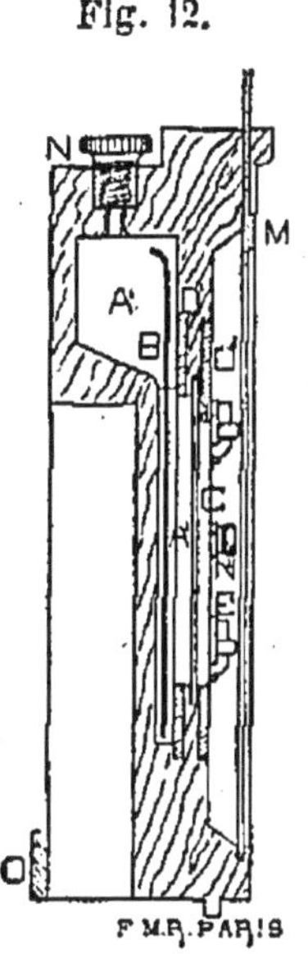

Châssis Contamine-Richard.

l'appareil est horizontal. La plaque sensible préparée se place en C, dans un cadre en fer O, maintenu par quatre verrous (*fig.* 13).

La cavité intérieure du châssis est divisée en deux dans le plan parallèle à la glace par une plaque de fer B dont le rôle est capital. En effet, une fois la plaque sensible en place, et les verrous serrés, on redresse lentement le châssis.

Le mercure monte alors lentement, entre la plaque

Fig. 13.

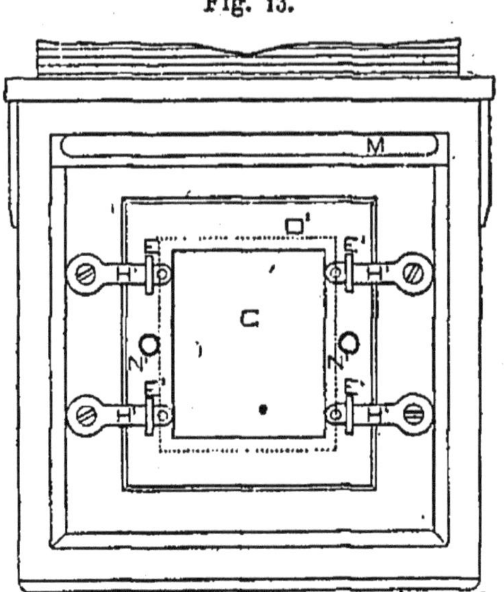

Châssis Contamine-Richard.

métallique et la glace sensible, sans qu'il puisse se
produire des bulles d'air.

Sécheur-ventilateur Richard. — M. Richard con-
struit pour sécher rapidement les plaques sensibles,
lorsqu'elles ont été orthochromatisées, un ventilateur
à ailettes, permettant de traiter simultanément une
douzaine de glaces sans risquer de les briser. La *fig.* 14
en indique suffisamment le fonctionnement.

6° *Châssis horizontaux.* — Si l'on désire ne faire
que quelques clichés de grandes dimensions et que

l'on ne possède pas de châssis à mercure, on pourra éviter d'en construire un en opérant de la manière suivante :

On fixera la chambre noire verticalement, l'objectif étant tourné vers le bas. Sur le trajet du faisceau

Fig. 14.

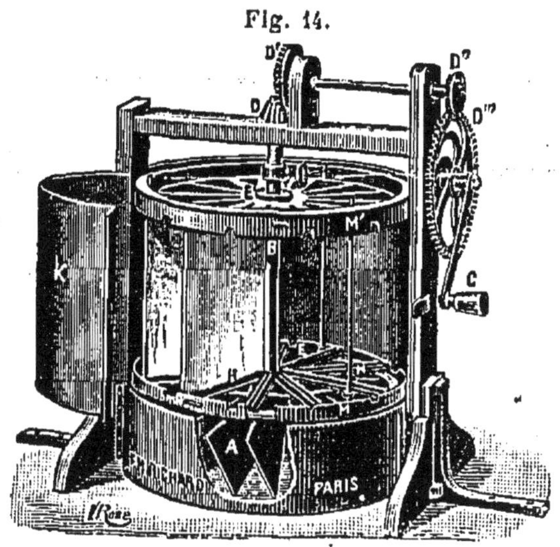

Sécheur-ventilateur Richard.

lumineux venant de l'objet, on placera un miroir à 45°, plus ou moins grand, selon la distance à laquelle on le tiendra. De la sorte, l'image se formera dans un plan horizontal : la partie postérieure de la chambre noire pourra donc être placée horizontalement. Le verre dépoli, comme la plaque sensible, étant aussi dans un plan horizontal, il suffira de garnir cette dernière d'un rebord de carton ou de cire pour la transformer en cuvette apte à recevoir le mercure. De la

9.

sorte, on n'aura pas à craindre les fuites provenant de la pression du mercure contre les parois du châssis, pression d'autant plus considérable que les dimensions du châssis sont plus grandes.

Ce mode opératoire ne s'applique guère qu'aux expériences effectuées dans le laboratoire obscur, c'est-à-dire lorsque l'objet est éclairé par la lumière artificielle (lampe à arc ou bec Auer).

4. — Écrans.

Quelle que soit la méthode employée pour obtenir l'orthochromatisme, on ne saurait se passer de filtres colorés destinés à arrêter les radiations trop actives. Lorsque l'on possédera des sensibilisateurs parfaits, les écrans pourront évidemment être supprimés; mais, comme ce jour heureux ne semble pas encore près de luire, il est nécessaire d'user de leur concours, surtout dans la Photographie par la méthode des trois couleurs.

Les écrans colorés peuvent être constitués soit par des glaces de verre à faces rigoureusement parallèles, analogues à celles que l'on trouve chez tous les fournisseurs (verre jaune pour la Photographie orthochromatique), soit par des pellicules de collodion ou de gélatine, ou encore de gélatine sur collodion (Boissonnas, de Genève).

Les écrans fournis par des glaces sont certainement les plus parfaits et les plus convenables; mais ils ont l'inconvénient d'être d'une préparation coûteuse et difficile. On peut donc leur substituer avec avantage soit des verres minces sur lesquels on étend une couche de collodion coloré, soit des pellicules de collodion préparées comme l'indique M. Vidal. Lorsqu'il s'agit d'écrans de faibles dimensions, les pellicules colorées obtenues avec le collodion préconisé par M. Vidal sont certainement de beaucoup les plus pratiques.

Voici la méthode à suivre :

On obtient un collodion très résistant, sans réseau, et se détachant spontanément dans l'eau en dissolvant le coton azotique dans l'acétate d'amyle. Les matières colorantes (aurine, aurantia, citronine, etc.) peuvent être incorporées à ce collodion, soit directement, soit, au cas d'insolubilité, dans l'acétate d'amyle, ou en faisant au préalable une dissolution dans de l'alcool que l'on ajoute ensuite au collodion à l'acétate d'amyle.

Les solutions une fois prêtes, on les coule sur des plaques de glace ou de verre bien propres et placées bien horizontalement.

On laisse sécher spontanément et à l'abri de toute poussière, puis, quand la dessiccation est absolue, on met la plaque dans de l'eau.

Au bout de peu d'instants, la pellicule se soulève et abandonne son support. On l'assèche alors entre des feuilles de buvard bien propres, et l'on peut s'en servir en la coupant en fragments de la dimension voulue. [On trouve chez MM. Poulenc frères des boîtes d'écrans de divers numéros (mais seulement pour la

Photographie orthochromatique), exécutés sur collodion ordinaire d'après les données de M. Vidal.]

Pour obtenir la planité des pellicules, on a adopté le système indiqué par M. Le Breton. Il consiste dans l'emploi d'un double diaphragme annulaire métallique permettant l'introduction, entre les deux feuilles de métal troué, d'un écran pelliculaire. La pellicule étant placée entre les deux couronnes formées de métal très mince, est fortement serrée, ce qui permet de la manier sans inconvénient (¹).

5. — Projection des images polychromes.

Les images lippmanniennes, comme les anciens daguerréotypes, doivent être regardées sous une certaine incidence. La théorie explique parfaitement cette nécessité. Il est donc indispensable, pour percevoir nettement les couleurs, d'éclairer obliquement les photochromies et de placer l'œil sur le trajet des rayons réfléchis. Si l'on désire les montrer à un grand nombre de spectateurs, on se servira du dispositif employé par M. Louis Lumière dans les séances de l'Union internationale de Photographie (Genève, 22 août 1893). A cet effet, les images polychromes de petit format sont agrandies au moyen d'un appareil à projection disposé comme l'indique la figure. En E se trouve l'écran (40 ᶜᵐ × 70 ᶜᵐ) destiné à recevoir l'image

---

(¹) VIDAL, *Manuel de l'Orthochromatisme;* 1891 (Paris, Gauthier-Villars et fils).

amplifiée de la photographie placée en P. Une lampe à arc de 15 ampères, montée dans une caisse pourvue d'un condenseur C, envoie un faisceau lumineux extrêmement intense sur la plaque P. On s'arrange

Fig. 15.

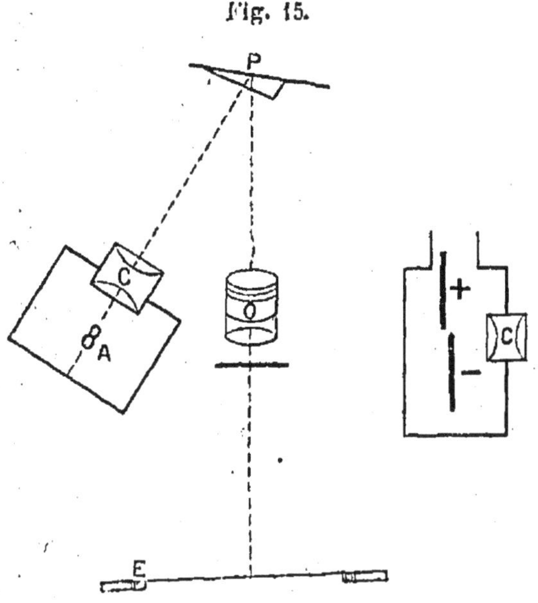

Projections Lumière.

de manière à trouver l'angle d'incidence le plus favorable. La lumière réfléchie est reçue par un objectif photographique ordinaire très lumineux, destiné à agrandir l'image en la projetant sur l'écran transparent E. Pour faciliter la mise au point et donner plus d'éclat aux couleurs, M. Louis Lumière a imaginé de recouvrir la plaque P d'un prisme de verre collé avec du baume de Canada.

Les résultats obtenus en opérant comme on vient de le dire sont absolument merveilleux. Tandis que les épreuves lippmanniennes, considérées directement, présentent un certain éclat métallique peu agréable dans certains cas, les images obtenues par projection sont d'une vivacité et d'une pureté extraordinaires. Lorsqu'on a réussi à produire une photochromie sur verre, il est rare que l'on ne soit pas déçu : les dimensions forcément très restreintes de la plaque (4 × 4 ou 6 × 9), l'aspect un peu miroitant des couleurs, etc., peuvent décourager. Que l'on ne désespère pas alors; mais que l'on fasse au moins un essai avec un appareil à projection (lampascope, lanterne magique même), et l'on sera absolument enthousiasmé.

L'expérience prouve donc que, pour le moment du moins, les images interférentielles ne doivent pas être examinées directement. Il est facile de réaliser divers appareils permettant l'emploi de la lumière oblique. Il vient d'être question de la lampe à arc et des lumières artificielles; la lumière du jour, donnerait d'aussi bons résultats. On peut aussi combiner le stéréoscope et l'appareil à projection de manière à obtenir la reproduction exacte des objets non seulement avec leurs couleurs propres, mais avec la perspective aérienne. Ce chromostéréoscope serait plus parfait que le stéréochromoscope d'Ives, non pas au point de vue du relief, mais comme vérité de reproduction de la nature.

Relativement aux photogrammes du spectre, voici quelques observations assez intéressantes faites par M. G. Meslin :

Lorsqu'on observe les couleurs obtenues en photographiant un spectre par le procédé de M. Lippmann, on remarque, dans la disposition des teintes, certaines particularités liées sans doute à la durée de la pose et à l'énergie du développement.

Disons d'abord que, pour observer ce spectre, il est préférable et moins fatigant pour l'œil de le projeter au lieu de le regarder directement dans le faisceau réfléchi; il suffit pour cela de faire tomber un faisceau de lumière sur la plaque, dont on projette l'image sur un écran à l'aide d'une lentille placée sur le trajet du faisceau réfléchi; il est d'ailleurs nécessaire d'opérer au voisinage de l'incidence normale.

Voici alors les particularités que l'on observe :

1° Les couleurs n'éprouvent qu'un léger déplacement lorsque l'incidence varie; tandis que, dans les anneaux de Newton, le bleu prend la place du rouge et dépasse cette région dès que l'incidence passe de 70° à 80°, ici; la variation existe, mais elle est beaucoup plus faible.

2° Le spectre observé ne présente pas les teintes du spectre pur. C'est sans doute ce que l'on a exprimé en disant que les couleurs ont une apparence *métallique;* le vert est d'aspect plus dur, le jaune est très restreint, l'orangé fait défaut, le rouge se rapproche d'une teinte pourpre; enfin, *point important et facile à constater*, au delà du rouge se trouve une partie *bleue* ou *bleu verdâtre* suivant les échantillons.

3° Lorsqu'au lieu d'examiner le spectre par réflexion sur la face collodionnée (comme on le suppose dans les deux paragraphes précédents), on l'étudie par réflexion sur l'autre face, on a des couleurs qui ne sont pas toutes semblables aux premières, mais qui ne sont pas néanmoins les couleurs complémentaires. Au milieu, c'est-à-dire à l'endroit où se formait le vert, on a encore du vert, quoique un peu modifié; à la place du rouge, on a une couleur bronzée comme par l'addition d'une teinte jaune; enfin, à la place du bleu, on peut reconnaître, malgré le faible éclairement de cette région, une teinte verte ([1]).

---

[1] *Annales de Physique et de Chimie*, t. XXVII, 1892, p. 366-370. Le travail de M. G. Meslin, exécuté à la Faculté des Sciences de Montpellier, a été communiqué aux *Annales* avant les perfectionnements que M. Lippmann a apportés à sa méthode.

DEUXIÈME PARTIE.
THÉORIE.

CHAPITRE I.

LES INTERFÉRENCES.

Les interférences. — On sait que l'Optique physique moderne repose sur cette hypothèse que la lumière doit être considérée comme un mouvement
vibratoire se produisant et se propageant dans un
milieu auquel on a donné le nom d'*éther*. Le développement de cette hypothèse et de ses conséquences
constitue la théorie des ondulations. L'expérience
ayant montré que l'on pouvait réaliser avec la lumière des phénomènes d'interférences analogues à
ceux que l'on obtient avec le son, on est en droit de
considérer la lumière comme un phénomène qui se
propage avec une vitesse finie et qui est périodique.
Les maxima et minima sonores fournis par l'interférence (ventres et nœuds) étant remplacés en Optique
par des maxima et des minima lumineux (franges
brillantes et franges obscures).

Il est inutile de rappeler ici tous les calculs et expériences faits dans le but d'établir l'existence du mouvement ondulatoire et des interférences. Qu'il suffise de citer les mémorables travaux de Huygens,

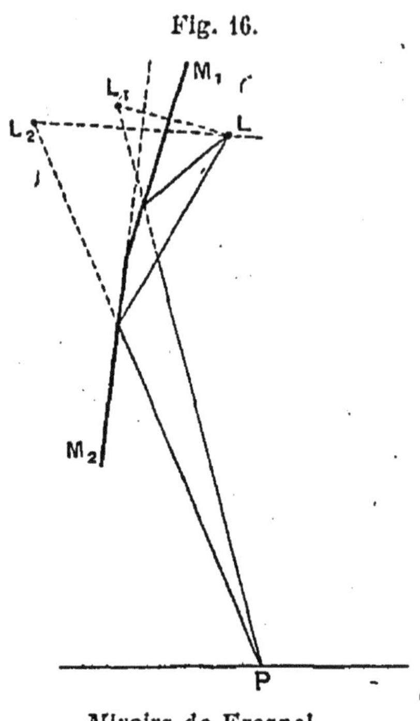

Fig. 16.

Miroirs de Fresnel.

de Young, et surtout de Fresnel. Ces savants physiciens ont établi d'une manière indiscutable le fait des ondulations lumineuses. Une des dispositions les plus simples qui aient été imaginées dans le but de mettre en évidence les interférences lumineuses est celle des miroirs de Fresnel. Un faisceau lumineux unique, issu d'une source L (*fig.* 16), se réfléchit sur deux miroirs plans M_1 et M_2 faisant entre eux un angle très petit (voisin de 180°). Chaque rayon, réfléchi par le miroir M_1, a même direction que s'il venait de L' symétrique de L par rapport au miroir considéré. Il en est de même pour M_2, c'est-à-dire qu'en L'_2 se trouve un foyer virtuel, symétrique de L_2, de sorte que le faisceau réfléchi par M_2 semble venir de L'_2. On dispose l'expérience de manière que les faisceaux lumineux issus de L_1 et de L_2 se rencontrent à une certaine distance; on place alors en ce point un écran et l'on remarque que dans la partie commune aux deux faisceaux il existe des franges alternativement brillantes et obscures. Si l'on a opéré avec de la lumière blanche, la frange centrale est blanche, mais de part et d'autre se trouvent quelques franges irisées. Si la source lumineuse est formée de lumière monochromatique, jaune par exemple, le phénomène se simplifie : l'irisation disparaît, les franges étant alternativement claires et obscures.

Cette expérience est absolument concluante; elle est analogue à celle du trombone à coulisse de Kœnig en Acoustique. Dans la partie commune aux deux faisceaux, nous avons des rayons qui, à partir de la source, ont parcouru des chemins inégaux : ils présentent donc l'un sur l'autre une certaine différence de marche. On conçoit aisément, si l'on admet l'hypothèse du mouvement ondulatoire de l'éther, que le résultat produit sera tout autre selon qu'un maximum coïncidera avec un maximum, ou un minimum avec un minimum. Dans le premier cas, on aura de la lumière, dans le second, de l'obscurité. Cette expérience permet donc de vérifier cette assertion paradoxale de Grimaldi : la lumière ajoutée à la lumière produit de l'obscurité. De fait, lorsque les mouvements concordent, on a de la lumière; lorsqu'ils sont discordants, on a de l'obscurité.

Au lieu de faire interférer deux faisceaux indépendants, bien qu'issus d'une même source, on peut simplifier l'expérience et faire interférer un faisceau incident avec un faisceau réfléchi. Supposons, par exemple, que l'on fasse tomber l'onde incidente perpendiculairement à la surface réfléchissante. L'onde réfléchie suivra exactement la route inverse et rencontrera, à son retour, l'onde qui arrive sur le miroir. Les conditions seront alors analogues à celles de l'expérience des miroirs de Fresnel, mais les franges brillantes et obscures, au lieu de se produire dans un plan perpendiculaire à la direction moyenne de propagation des faisceaux, se produiront dans un plan parallèle à cette direction. Soit P (*fig.* 17) un mur vertical contre lequel viennent buter les ondes (que l'on supposera sonores pour faciliter la vérification expérimentale). Pour tous les points compris entre la source S et le mur P, on a un système complexe formé d'ondes. Chaque point du milieu vibre donc en exécutant des oscillations autour de sa position d'équilibre. Considérons un point p'. Si ce point est placé à une distance telle de la source et du mur, que les deux mouvements qui le sollicitent aient, à un moment donné, même direction, les vitesses s'ajouteront et ce point sera entraîné avec une vitesse double; si, au contraire, les mouvements ont des directions opposées, le point p' restera immobile. Dans le cas des ondes sonores, comme elles se réflé-

Fig. 17.

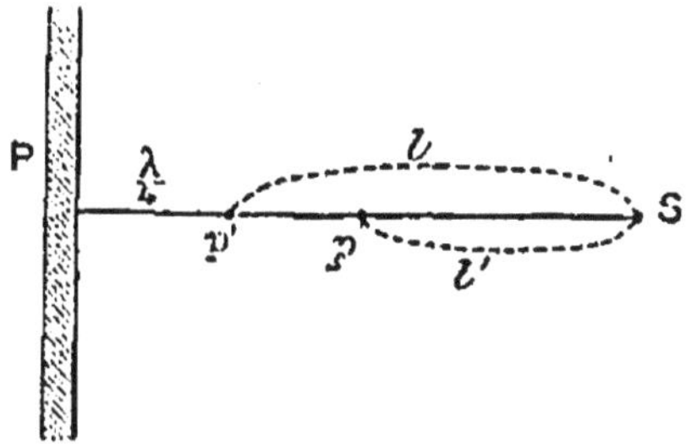

Interférences par réflexion.

chissent sans changer de condensation, il suffit de considérer les chemins parcourus (S étant constant). Il faudra donc, pour qu'il y ait maximum, que la différence de marche soit nulle ou égale à un nombre pair de demi-longueurs d'onde. Si nous calculons pour les points p et p' les chemins parcourus par l'onde incidente et l'onde réfléchie, nous trouvons :

pour p',

$$\text{Onde incidente} = l,$$

$$\text{Onde réfléchie} = l + 2\frac{\lambda}{4} = l + \frac{\lambda}{2}$$

(nombre impair de longueurs d'onde);

10.

pour p,

$$\text{Onde incidente} = l',$$
$$\text{Onde réfléchie} = l' + 4\frac{\lambda}{4} = l' + \frac{\lambda}{2}$$

(nombre pair de longueurs d'onde).

Ainsi, au point p' on a minimum; en p on a un maximum. Comme ce calcul s'applique à tous les points placés dans des conditions identiques, il s'ensuit qu'en avant d'une surface plane sur laquelle tombe une onde plane, il y a une série de plans équidistants dans lesquels le mouvement est alternativement maximum et minimum. Deux plans consécutifs sont séparés par un intervalle égal à un quart de longueur d'onde : deux plans de même espèce (c'est-à-dire deux plans ventraux ou deux plans nodaux consécutifs) seront donc séparés par un intervalle d'une demi-longueur d'onde.

Ces déductions ont été confirmées expérimentalement par Savart en 1839. Une source sonore ayant été placée en avant d'un grand mur, Savart constata que si l'on promenait l'oreille sur la ligne droite allant du mur à la source, on constatait l'existence de maxima et de minima très perceptibles.

Zenker en 1867 et Otto Wiener en 1890 ont indiqué des méthodes permettant d'atteindre le même but en Optique. Ils se proposaient de déterminer la direction de la vibration lumineuse et, en poursuivant cette idée, ils ont fourni une excellente démonstration de l'existence des ondes stationnaires en avant de la surface réfléchissante.

Voici le principe de la méthode exposée par Otto Wiener dans les *Annales de Wiedemann* (¹) :

« Si une onde lumineuse se réfléchit normalement, les mouvements vibratoires de l'onde directe et de l'onde réfléchie donnent naissance, en se superposant, à de véritables nœuds et ventres lumineux que l'on peut explorer à l'aide d'une pellicule photographique extrêmement mince, assez transparente pour laisser un libre passage aux ondes et assez sensible pour être impressionnée par les vibrations d'amplitude maximum. Ces plans de ventres et de nœuds sont distants d'un quart de longueur d'onde, soit environ $\frac{1}{10000}$ de millimètre; mais, en réglant convenablement l'inclinaison de la pellicule, on arrive à couper ces plans obliquement, de manière à écarter assez leurs traces. Les vibrations lumineuses photogéniques donnent une impression sur les lignes où leurs amplitudes s'ajoutent et n'altèrent pas la couche sensible sur les lignes nodales où les amplitudes s'annulent. De là l'apparition de véritables franges lorsqu'on développe la pellicule comme un cliché photographique (²). »

M. O. Wiener a donné, dans les *Annales de Wiede-mann*, le résultat de ses expériences : les épreuves

---

(¹) Otto Wiener, *Wiedemann's Annalen*, Band XL, 1890, p. 203.

(²) Chappuis et Berget, *Leçons de Physique générale*, tome III, p. 232. (Paris, Gauthier-Villars et fils).

obtenues ont été reproduites en Photocollographie, et
l'on constate très aisément sur ces images les maxima
et minima (franges brillantes et franges obscures)
qu'indique la théorie. Il existe donc bien en avant de
la surface réfléchissante une série de plans nettement
définis, correspondant aux nœuds et aux ventres de
vibration.

La découverte de M. Lippmann est venue donner
une nouvelle démonstration, plus brillante et plus
élégante encore que les précédentes. On verra plus
loin que les couleurs sont dues, en effet, aux lames
minces produites dans la couche sensible par les
vibrations correspondant aux plans ventraux.

CHAPITRE II.

---

1. — Couleurs simples.

Lorsqu'on fait tomber un faisceau de lumière blanche sur un prisme, on obtient non seulement une déviation, mais une décomposition du faisceau en une infinité de teintes constituant le spectre solaire. Cette expérience classique de Newton prouve que la lumière blanche n'est pas simple, mais composée d'une série d'autres lumières susceptibles d'être analysées à l'aide d'appareils spéciaux. Le prisme permet de les séparer, grâce à leur déviation inégale, le violet étant la couleur la plus déviée, le rouge étant la moins déviée. Ainsi, en premier lieu, les couleurs ne sont pas également réfrangibles, et ce fait est important puisqu'il rend possible leur analyse. L'œil n'est donc pas le seul appareil capable de distinguer une couleur d'une autre. Mais il existe une différence beaucoup plus fondamentale entre les diverses radiations du spectre. La lumière étant en quelque sorte le son de l'éther ([1]), on peut envisager les diverses couleurs du spectre comme les notes de la lumière. Fresnel a établi, en effet, que les couleurs sont dues à des vibrations plus ou moins rapides de l'éther, et par suite à des longueurs d'onde plus ou moins grandes. Diverses formules ont permis de mesurer λ pour les différentes couleurs du spectre. On peut d'abord retirer cette valeur de la formule à laquelle conduit la mémorable expérience des miroirs de Fresnel, ou encore de la formule des réseaux

$$\sin\alpha = \frac{n\lambda}{a+b}.$$

Quoi qu'il en soit, la longueur d'onde des diverses couleurs peut être déterminée très exactement. Connaissant la longueur d'onde, on en déduit aisément le nombre de vibrations correspondant

$$\left(\lambda = VT = \frac{V}{N}\right).$$

Voici le Tableau des principaux nombres que l'on a obtenus pour les diverses couleurs du spectre.

	En microns.
Rouge extrême de Newton	0,645
Verre rouge de Fresnel	0,638
Verre rouge de Biot	0,628
Violet extrême de Newton	0,400
Violet extrême de Fraunhofer	0,360

([1]) A. BERTIN, *Revue scientifique*, janvier 1867.

Longueurs d'onde
en millièmes
de micron.

Violet..	433
Indigo..	449
Indigo bleu...	459
Bleu..	475
Vert...	512
Jaune..	551
Rouge...	620

2. — Couleurs complexes.

Ce qui vient d'être dit s'applique aux couleurs simples; pour les couleurs complexes, la question paraît plus délicate. On se demande, en effet, comment se comporteront les mouvements vibratoires les uns par rapport aux autres. L'expérience et le calcul sont d'accord pour prouver que les mouvements périodiques peuvent se superposer en donnant naissance à un mouvement périodique unique. L'Acoustique et l'Optique offrent d'ailleurs des exemples typiques de ces superperpositions. Ainsi, lorsqu'une corde est tendue, ses deux extrémités étant immobiles, si l'on vient à la faire vibrer avec un archet, on constate que, bien qu'elle vibre dans son ensemble, on peut en même temps faire vibrer chacune de ses moitiés individuellement. Il en est de même d'une membrane, comme le prouvent le téléphone et le phonographe: un corps vibrant unique peut donc reproduire les sons complexes, puisque la membrane du téléphone reproduit la parole humaine ou les timbres variés des instruments de musique. L'étude de ces phénomènes a conduit Fourier à un théorème important relatif à la forme des vibrations. « Ce mathématicien a démontré que toute fonction périodique peut toujours se décomposer en une suite de fonctions circulaires dont les périodes sont

$$ T, \qquad \frac{1}{2} T, \qquad \frac{1}{3} T, \qquad \ldots, $$

T étant la période de la fonction périodique considérée.

» Or, ce qui caractérise un son quelconque, simple ou complexe (et respectivement une couleur), c'est la loi qui donne l'élongation y du milieu élastique en fonction du temps

$$ y = \varphi(t). $$

» Puisque, d'après les expériences de Helmholtz, Kœnig, etc., un son complexe est le résultat de la superposition d'harmoniques simples, on pourra donc appliquer ici le théorème de Fourier et écrire

$$ \varphi(t) = A + B \cos\left(2\pi \frac{t}{T} + \delta \right) $$

$$ + C \cos\left(2\pi \frac{t}{\frac{1}{2}T} + \delta_1 \right) + \ldots $$

$$ + N \cos\left(2\pi \frac{t}{\frac{1}{n}T} + \delta_n \right) + \ldots, $$

équation que Fourier a démontré être toujours véri-
fiée pour des quantités $A, B, \ldots, N, \delta_1, \delta_2, \ldots, \delta_n$, à
condition que $\varphi(t)$ soit une fonction continue.

« Cette expression n'est donc que la traduction analytique du fait que nous considérons un son complexe
comme une superposition de sons simples; elle permet de prévoir ce fait *a priori*. Par conséquent, si
nous connaissons la forme de deux mouvements

Fig. 18.

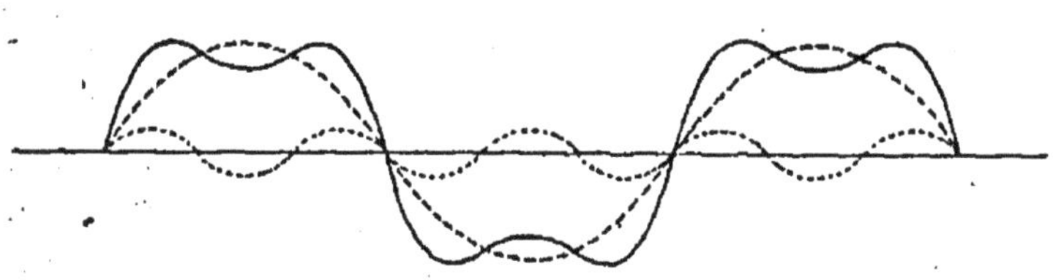

Composition de deux mouvements sinusoïdaux.

vibratoires, nous pourrons en déduire celle du mouvement résultant par application du théorème. On voit
un exemple de cette composition des mouvements
dans la figure ci-dessus (*fig.* 18) : deux mouvements
vibratoires sinusoïdaux, de périodes respectivement
égales à T et à $\frac{1}{3}$ T, y sont représentés en pointillé.

On voit en traits pleins les courbes représentant la
fonction périodique résultante ([1]) ».

En Optique, les choses se passent de la même manière qu'en Acoustique; seulement les longueurs

______

([1]) CHAPPUIS et BERGET, *Leçons de Physique générale*, tome III,
p. 69-70.

d'onde sont infiniment plus petites, ce qui ne change évidemment rien au calcul, mais rend la vérification expérimentale beaucoup moins aisée.

8. — Couleurs des lames minces.

De toutes les colorations naturelles, celles que présentent les lames minces, telles que les bulles de savon ou les lamelles de nacre, sont certainement les plus remarquables par leur douceur et leur pureté. Ce cachet spécial provient de ce que ces teintes merveilleuses ne sont point produites par une couleur pigmentaire, mais par la décomposition de la lumière blanche. Elles sont dues à des interférences, et Newton, bien qu'il ne fût pas partisan de la théorie des ondulations, avait pressenti la véritable cause du phénomène lorsqu'il attribuait une influence capitale à l'épaisseur de la couche liquide formant la bulle de savon. Aussi, pour confirmer son hypothèse et déterminer les conditions exactes de production du phénomène, institua-t-il une série d'expériences qui lui ont permis de trouver des lois importantes. Voici quelques-unes de ces expériences ainsi que les résultats auxquels elles conduisent.

La bulle de savon se prêtant mal à une étude sérieuse, Newton lui a substitué un système composé d'un plan de verre sur lequel il plaçait une lentille plan-convexe : il produisait ainsi une lame d'air d'épaisseur régulièrement variable en allant du centre à la périphérie. Les conditions du problème n'ont pas

changé : chacune des surfaces de la bulle fonction-
nait comme un miroir, la bulle constituait un ensemble de deux miroirs superposés. Il s'ensuivait que
chaque miroir réfléchissant un faisceau de lumière,

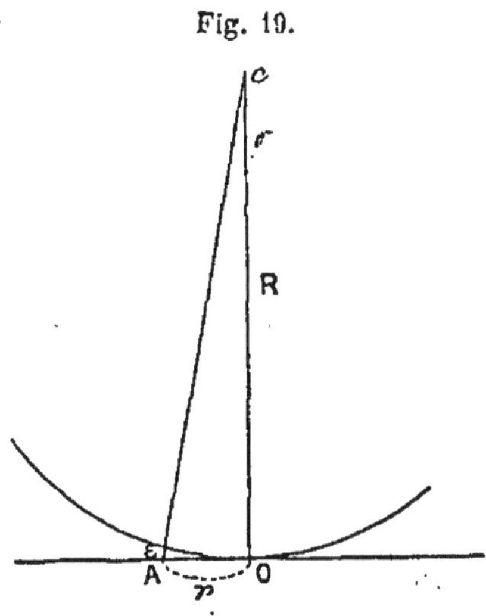

Fig. 19.

Anneaux de Newton.

les deux faisceaux réfléchis pouvaient interférer. Il
en est de même avec le plan de verre et la lentille.

Si l'on appelle R (*fig.* 19) le rayon de courbure de
la lentille et e l'épaisseur de la lame d'air à une distance r du point de contact O, on a

$$r^2 = e\,(2\,\mathrm{R} - e),$$

e^2 étant très petit par rapport à R, on peut le négli-
ger; il vient donc $e = \dfrac{r^2}{2\,\mathrm{R}}$; l'épaisseur e est donc pro-

portionnelle au carré du rayon de l'anneau considéré. Par conséquent, on possède un moyen permettant de la mesurer.

Supposons que l'on fasse tomber sur la lentille plan-convexe un faisceau de lumière homogène, on constatera immédiatement la présence d'anneaux alternativement obscurs et brillants dont les carrés des diamètres sont proportionnels aux nombres pairs (et respectivement impairs consécutifs). Ces lois ont été découvertes par Newton et établies par lui. On les vérifie aisément à l'aide de l'appareil de de la Provostaye et Desains, qui permet de mesurer exactement les dimensions des anneaux. On arrive en outre à cette conclusion que l'épaisseur des anneaux varie avec la longueur d'onde de la lumière employée; la loi qui régit cette variation est la suivante :

Les épaisseurs des anneaux obscurs sont égales aux multiples pairs successifs du quart de la longueur d'onde de la lumière incidente.

Les épaisseurs des anneaux brillants sont égales aux multiples impairs successifs du quart de la même longueur d'onde.

Il existe donc une relation parfaitement établie entre le diamètre des anneaux clairs ou obscurs, leur épaisseur et la longueur d'onde de la lumière considérée. Cette première conclusion permet de comprendre comment il peut se faire qu'une même substance, incolore par elle-même, produise sur notre rétine des effets différents selon qu'elle affecte la forme de lamelles plus ou moins minces. Comment se produisent les couleurs? Telle est la question qu'il reste encore à traiter. De ce qui précède, en effet, il résulte sans doute que chaque couleur correspond à une épaisseur déterminée; mais c'est là un fait qui ne donne nullement le mécanisme du phénomène. Pour l'expliquer correctement, il faut se servir du principe des interférences.

La théorie des anneaux colorés est la même que celle des miroirs de Fresnel. Il suffit, pour s'en convaincre, de construire les deux images de la source, données par les deux faces de la lame d'air considérée, et de chercher les franges fournies par les interférences des faisceaux émanés de ces deux sources. Simplifions le problème en envisageant, non plus une lamelle de dimensions variables, comme dans l'expérience de Newton, mais une couche d'air comprise entre deux surfaces parallèles. Considérons d'abord un rayon SA (*fig.* 20) tombant normalement sur la face K K' ([1]). Une partie de la lumière incidente est réfléchie par cette face, et revient suivant la direction AS; une autre partie pénètre en AB, se réfléchit sur la face H H', puis revient suivant la même direction B A'S'. Les rayons A B et A'B', tous deux normaux à la surface H H', se confondent : ils sont représentés séparés pour l'intelligence de la figure. Il y a interférence entre les rayons réfléchis, l'un en A, l'autre en B.

Calculons la différence de marche de ces rayons.

([1]) LIPPMANN, *Optique* (autographiée).

Elle est égale à $AB + BA' = 2e$ (épaisseur de la lame d'air). Cette quantité représente la différence des chemins parcourus; comme la lumière se réfléchit en B de l'air sur le verre, il y a réflexion avec chan-

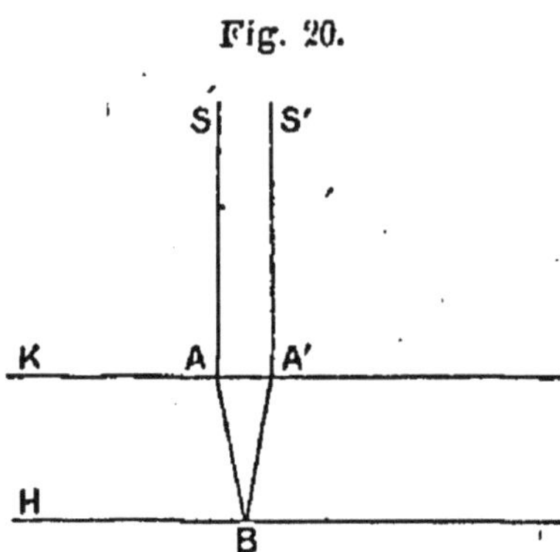

Couleurs des lames minces.

gement de signe (cas du passage d'un milieu plus dense dans un milieu moins dense; donc, il faut à la différence de marche ajouter une demi-longueur d'onde $\left(\dfrac{\lambda}{2}\right)$ pour tenir compte de la réflexion.

La différence de marche est donc : $\delta = 2e + \dfrac{\lambda}{2}\cdot$

Les élongations des deux rayons s'ajoutent si $\delta = n\lambda$, n étant un nombre entier quelconque; elles se retranchent si $\delta = \left(n + \dfrac{1}{2}\right)\lambda.$

Donc : (a) les rayons interférents sont concordants

(lumière) lorsque

$$2e + \frac{\lambda}{2} = n\lambda; \qquad \text{ou} \qquad e = (2n - 1)\frac{\lambda}{4};$$

(b) les rayons sont discordants (obscurité), lorsque

$$2e + \frac{\lambda}{2} = \left(n + \frac{1}{2} \right)\lambda; \qquad \text{ou} \qquad e = 2n\frac{\lambda}{4}.$$

Telles sont les équations qui relient les épaisseurs aux longueurs d'onde dans le cas d'un faisceau incident normal. Ces résultats étaient faciles à prévoir d'après ce qui avait été dit au sujet de l'expérience des miroirs de Fresnel. En faisant varier la distance des deux miroirs (c'est-à-dire l'épaisseur de la lame active), on augmente ou diminue la différence de marche des rayons et, par le fait, on réalise leur concordance ou leur discordance.

Si l'on fait tomber les rayons, non pas normalement, mais obliquement par rapport à la lame d'air, on obtient des résultats semblables aux précédents. Le rayon réfléchi ne se confond plus alors avec le rayon incident, mais il fait avec lui un certain angle, défini par les lois de la réflexion. De plus, en pénétrant dans la lame réfringente PP', il subit le phénomène de la réfraction. Le calcul montre que la différence de marche n'est plus alors $\delta = 2e + \frac{\lambda}{2}$, mais

$$\delta = 2e \cos i + \frac{\lambda}{2}.$$

Il s'ensuit qu'entre les phénomènes sous l'incidence oblique et les phénomènes relatifs à l'incidence normale, il y a cette différence que l'épaisseur e est remplacée par $e \cos i$ (i étant l'angle d'incidence).

Les phénomènes avec l'incidence oblique restent donc les mêmes que s'ils avaient lieu sous l'incidence normale avec une lampe d'épaisseur $e' = e \cos i$.

Comment se fait-il maintenant que les variations de teintes correspondent précisément aux épaisseurs des lames minces? Ce phénomène est facile à saisir d'après ce qui précède. Considérons ce qui se passe lorsqu'une série de lames minces est éclairée par de la lumière blanche : soient d'abord des rayons de longueur d'onde identique. Lorsqu'ils tombent sur le système de lames minces, ils sont renvoyés par les faces des lames réfléchissantes. Les radiations considérées étant supposées avoir une longueur d'onde correspondant à l'épaisseur des lames, il s'ensuit que la différence de marche entre les rayons réfléchis à la première surface et ceux réfléchis à la seconde est égale à deux demi-longueurs d'onde. Ces rayons concordent donc : leurs intensités s'ajoutent et la couleur de la longueur d'onde correspondante est fortement renforcée. Quant aux autres rayons constituant la lumière blanche qui possèdent une longueur d'onde plus faible ou plus grande, la différence de marche des rayons réfléchis par les deux faces ne correspondant plus à la distance qui sépare deux points nodaux, ces rayons s'affaiblissent mutuellement, et, si la dif-

férence de phase est suffisante, ils pourront s'éteindre
complètement. Il ne restera donc, en définitive, de
tous les rayons colorés composant la lumière blanche

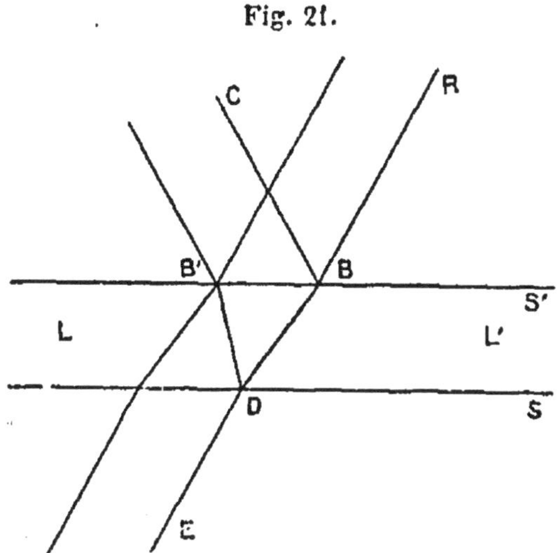

Fig. 21.

Couleurs des lames minces.

que ceux dont la longueur d'onde correspond à l'épaisseur de la lame correspondante.

Cette explication peut être illustrée graphiquement
de la manière suivante :

Soit le cas déjà considéré (*fig.* 21) d'un rayon R de
lumière blanche tombant sur une lamelle L L' limitée
par deux plans parallèles : une partie de la lumière
est réfléchie en C d'après les lois de la réflexion, tandis que l'autre pénètre dans le milieu plus dense que
l'air, et, subissant une réfraction conforme aux lois
de ce phénomène, atteint la surface de séparation

des deux milieux optiquement différents. Arrivée à ce point, la lumière se partage encore en deux parties : la première est réfléchie vers B', la seconde s'échappe en un faisceau DE parallèle à BA. Supposons maintenant que la lamelle a l'épaisseur d'une demi-longueur d'onde de la lumière rouge. Le rayon blanc de la lumière incidente réfléchi à la surface inférieure S' de la lame parcourt un chemin égal à deux demi-longueurs d'onde à l'intérieur de cette lame, puisqu'il va de B en D et de D en B'; il s'ensuit qu'il arrive en B' possédant une différence de marche de $2\,\dfrac{\lambda}{2}$ avec le rayon réfléchi directement en B'. Ces rayons pourront donc interférer. La différence de marche étant égale à un nombre pair de demi-longueurs d'onde, les amplitudes s'ajoutent, mais elles ne s'ajoutent que pour les rayons dont la longueur d'onde correspond précisément au λ de l'écartement des deux faces de la lame. Comme l'indique la figure, les ondes rouges (de longueur d'onde λ) sont donc les seules qui remplissent les conditions nécessaires pour pouvoir interférer utilement. Soit, par exemple, un rayon bleu dont la longueur d'onde est $\frac{478}{1000}$ de micron, c'est-à-dire environ $\frac{1}{4}$ de fois plus faible que celles des rayons rouges ($0^{mm},000\,645$). Ce rayon appartenant au même faisceau de lumière blanche que le précédent, suivra une marche identique. Étant donnée la très faible épaisseur de la couche considérée, on peut négliger, en effet, la petite variation provenant du fait que les rayons bleus et les rayons rouges ne sont pas de même réfrangibilité. La correction est si faible que l'on peut considérer ces divers rayons comme suivant absolument la même route. Ils ne se différencient donc pas de cette manière et l'on n'a pas à modi-

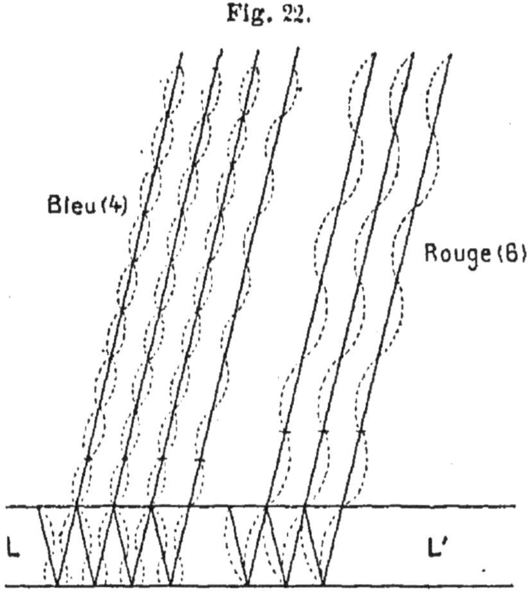

Fig. 22.

Couleurs des lames minces.

fier la figure en ce qui concerne les directions de propagation. Mais si l'on tient compte des longueurs d'onde, on observe que pour le rayon bleu la différence de marche entre le rayon incident et le rayon réfléchi et deux fois réfracté n'est plus égale à un nombre pair de demi-longueurs d'onde. Comme l'indique la figure schématique ci-dessus (*fig.* 22), cette différence de marche tend à devenir égale à un nombre impair de demi-longueurs d'onde. Lorsque cela se produit, les rayons sont éteints, comme le prouve la théorie des anneaux de Newton. Dans les cas intermédiaires, ils sont fortement affaiblis. Au lieu de considérer des radiations bleues, on aurait pu considérer les autres radiations du spectre; les rapports des longueurs d'onde seraient alors, en prenant celle du rouge comme unité :

$$
\begin{aligned}
\text{Rouge} &\dots\dots\dots\dots\dots\dots\dots\dots\dots\dots\dots\dots\dots\dots\dots 1 \\
\text{Jaune} &\dots\dots\dots\dots\dots\dots\dots\dots\dots\dots\dots\dots\dots\dots \tfrac{8}{9} \\
\text{Vert} &\dots\dots\dots\dots\dots\dots\dots\dots\dots\dots\dots\dots\dots\dots\dots \tfrac{5}{6} \\
\text{Bleu} &\dots\dots\dots\dots\dots\dots\dots\dots\dots\dots\dots\dots\dots\dots\dots \tfrac{3}{4} \\
\text{Violet} &\dots\dots\dots\dots\dots\dots\dots\dots\dots\dots\dots\dots\dots\dots \tfrac{2}{3}
\end{aligned}
$$

Les radiations rouges du faisceau lumineux incident de lumière blanche interféreront en B′ avec les radiations rouges de l'autre faisceau (réfléchi et réfracté) et il en sera de même des autres radiations colorées constituant la lumière blanche : chacune d'elle interférera avec sa semblable.

Mais comme les rayons rouges ont entre eux une différence de marche de deux demi-longueurs d'onde, tandis que les autres rayons ne se trouvent pas dans ce cas, les rayons rouges seront les seuls qui additionneront leur action lumineuse, tandis que les autres la retrancheront.

Si, au lieu d'avoir une seule lamelle formée de deux plans parallèles, on en a une série, les mêmes phénomènes se reproduiront : les effets indiqués seront multipliés par le nombre des lames et l'on obtiendra partout un renforcement des ondes lumineuses rouges et un affaiblissement des autres ondes colorées. Le résultat sera donc la production d'une vive couleur spectrale rouge, d'autant plus brillante que le nombre de plans réfléchissants sera plus considérable.

Ce qui vient d'être dit ne s'applique guère qu'aux couleurs simples. Pour les couleurs composées, le problème est un peu plus compliqué. On peut se demander, en effet, s'il est possible. *A priori*, on serait tenté de répondre que non, car il est difficile de comprendre comment une seule lame formée de deux plans parallèles, distants de $\frac{\lambda}{2}$, peut être apte à reproduire toutes les couleurs du spectre. De savants physiciens ont nié et nient encore la chose ([1]). Toutefois, l'expérience a prouvé que le fait était réel, on ne saurait le mettre en doute. *Contra factum non valet argumentum,* disait-on au moyen-âge. On trouvera d'ailleurs plus loin une explication très scientifique du phénomène dont il est question ici. Qu'il suffise d'observer que, dans la reproduction interférentielle des couleurs, on n'est plus en présence d'une seule lame limitée par deux plans, mais d'un nombre de lamelles variable avec l'épaisseur de la couche (il lui est proportionnel) et avec la longueur d'onde de la lumière considérée.

([1]) KRONE (H.), *Die Photographie in natürlichen Farben.* — NEUHAUSS, *Photographische Rundschau,* octobre, novembre, décembre 1894.

CHAPITRE III.

Théorie de Zenker. — Lorsque Becquerel eut réussi à reproduire — sans pouvoir les fixer — les couleurs du spectre solaire au moyen du sous-chlorure d'argent, les physiciens imaginèrent immédiatement un certain nombre de théories destinées à expliquer ce phénomène si remarquable. L'hypothèse qui parut la plus plausible, avant que Zenker eut exposé la sienne, était celle qui consistait à envisager les couleurs comme produites d'une manière analogue à celles des lames minces. Et de fait, cette opinion n'était pas erronée, comme le prouvent les expériences de Lippmann; mais ce qui était faux, c'était d'admettre que les couleurs provenaient de la plus ou moins grande épaisseur de la couche sensible modifiée par l'action lumineuse: la durée d'exposition influant sur les dimensions de cette couche et rendant ainsi possible la perception des couleurs dans l'ordre indiqué par les anneaux de Newton. Cette hypothèse n'est évidemment pas conforme à la réalité, aussi W. Zenker la modifia-t-il profondément pour la rendre acceptable.

D'après lui, si les couleurs obtenues par Becquerel ne dépendaient que de l'épaisseur des lamelles de chlorure d'argent insolé, la réussite de l'opération, c'est-à-dire l'obtention des véritables teintes, ne proviendrait que du soin mis par l'expérimentateur à calculer le temps de pose exact correspondant à telle ou telle épaisseur déterminée de la couche. L'expérience ne confirme pas cette manière de voir. Il n'en est pas de même si l'on admet que les minces lamelles produites sous chaque couleur ont une épaisseur déterminée et fixe dès le début, cette épaisseur étant précisément proportionnelle à leur longueur d'onde. Les couleurs produites seraient alors constantes. Le problème revenait donc, d'après Zenker (*Lehrbuch der Photochromie*, Berlin, 1868), non plus à déterminer le mode de production des couleurs identiques, mais à élucider cette question : comment se produisent les lamelles dont l'épaisseur correspond précisément à la longueur d'onde des différentes couleurs ? Zenker répond que ces lamelles produites au sein de la couche de chlorure d'argent proviennent de la formation d'ondes stationnaires, par suite de la réflexion des ondes sur le substratum métallique; l'action chimique des rayons colorés a lieu d'abord aux points où se produit le maximum de mouvement, tandis que, dans les nœuds, le chlorure d'argent n'est pas modifié.

La théorie de Zenker semble de tout point conforme aux faits : les expériences d'O. Wiener (*Wiedemann's Annalen*, Band XL, 1890), celles de M. Lippmann (*Comptes rendus*, fév. 1891), l'ont confirmée admirablement.

CHAPITRE IV.

THÉORIE DE NIEWENGLOWSKI [1].

Théorie de Niewenglowski. — La théorie de Zenker permet de comprendre le principe de la Photochromie interférentielle; mais elle n'indique pas, en détail, comment les choses se passent réellement dans la reproduction des couleurs par la méthode de M. Lippmann. Il reste, en effet, encore à déterminer les conditions du problème et à exposer leur analyse mathématique.

Dans une communication qu'il a faite à la Société française de Physique, M. G.-H. Niewenglowski a cherché à serrer de plus près le phénomène et il en a donné une interprétation très bien déduite.

Il a étudié spécialement la question de la reconstitution des couleurs.

Considérons une partie de la plaque qui ne doit être atteinte que par une lumière colorée de longueur d'onde λ et cherchons à déterminer de quelle nature

---

[1] *Voir* les communications de M. Lippmann à la Société française de Physique, 20 février 1891, 6 mai 1892, etc., et *Eder's Jahrbuch für Photographie*, 1894, p. 73.

sera la lumière réfléchie si l'on fait tomber de la lumière blanche sur cette partie. Soit d'abord la couleur simple de longueur d'onde λ', comprise parmi les couleurs constituant la lumière blanche.

L'action de la plaque sur ces radiations peut être déterminée géométriquement en se servant de la règle de Fresnel.

Sur un plan P_0 (*fig.* 23) placé à une distance z de P,

Fig. 23.

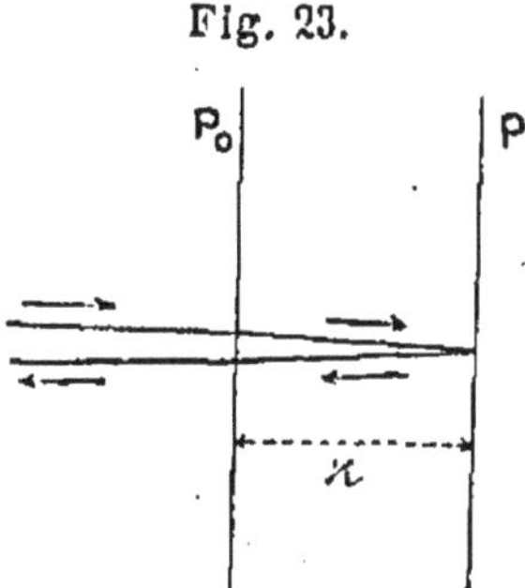

la lumière est réfléchie proportionnellement à l'intensité de réflexion $K(z)$ du plan P. $K(z)$ est une fonction de z qui a un maximum dans les plans ventraux et un minimum ($=0$) dans les plans nodaux.

Après avoir fait un chemin égal à $2z$, la lumière traverse de nouveau le plan P_0. Supposons que les λ correspondent à un certain indice moyen de la plaque, $\dfrac{2z}{\lambda'}$ représente alors la perte subie par la phase pour un espace de $2z$ que parcourt la lumière. Si l'on néglige les retards produits par la réflexion, on obtient comme valeur de l'angle de contingence de la courbe de Cornu :

$$\alpha = 2\pi\,\frac{2z}{\lambda'}.$$

(On a pris comme origine des phases celle des vibrations de la lumière réfléchie en P_0.)

D'autre part, le rayon de courbure de la courbe est donné, en appelant ds l'axe élémentaire (α est l'angle qu'il fait avec l'axe des x), par l'équation suivante :

$$R = \frac{ds}{d\alpha} = \frac{K(z)\,dz}{\dfrac{4\pi}{\lambda'}\,dz} = \frac{K(z)\,\lambda'}{4\pi}.$$

On possède donc les éléments nécessaires pour construire la courbe de Cornu. M. Niewenglowski observe que $K(z)$ n'étant pas une constante, mais une fonction périodique (passant par des valeurs identiques lorsque z croît de $\dfrac{\lambda}{2}$), il s'ensuit que le rayon R subit les mêmes variations périodiques. La courbe de Cornu, qui serait un cercle si K était constant, est donc formée d'une série de secteurs identiques, semblables à ceux qu'indique la figure.

La discussion de cette courbe est intéressante. En effet, l'angle de direction α de la tangente de la courbe, variant d'un point d'un secteur au point homologue du secteur suivant d'une quantité $\Delta\alpha = 2\pi\dfrac{\lambda}{\lambda'}$, différente en général de 2π, la corde qui réunit les points extrêmes de n'importe quel arc de la courbe, forme un angle constant $\Delta\alpha \pm 2\pi$ avec la corde de l'arc suivant. La courbe parcourt donc un chemin représenté par un cercle composé d'arcs successifs sous-tendus par des cordes égales. La vibration résultante a donc pour amplitude la droite qui réunit le point initial O (*fig.* 24) de la courbe à son point extrême A. On voit

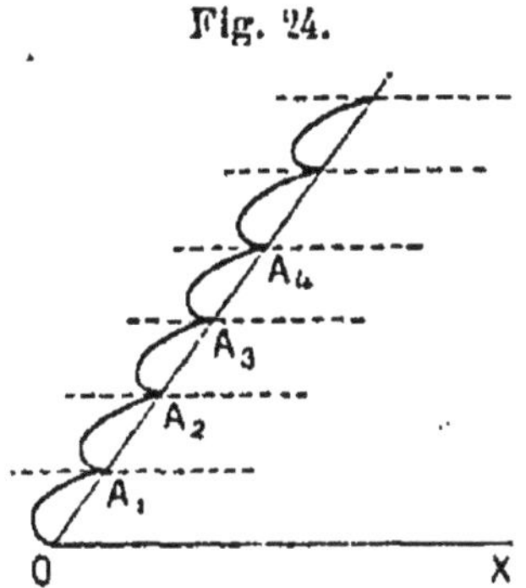

Fig. 24.

que, lorsque le nombre des plans séparateurs augmente $\left(\text{intervalle } \dfrac{\lambda}{2}\right)$, l'amplitude OA varie périodiquement, sans que sa valeur puisse être supérieure au diamètre OB du cercle considéré sur lequel se développe la courbe de Cornu.

Chaque couleur de longueur d'onde $\lambda' \pm \lambda$ de la lumière incidente donne de cette manière une intensité proportionnelle à un facteur qui ne peut pas être plus grand que OB^2.

Si $\lambda' = \lambda$, $\Delta\alpha$ est alors égal à 2π, c'est-à-dire que la tangente à l'extrémité de chaque arc est parallèle à Ox. L'arc suivant s'obtiendra donc en déplaçant l'amplitude OA_1 de OA_1. Les amplitudes OA_1, A_1A_2,

$A_2 A_3$, ... qui correspondent aux plans successifs, donnent en définitive une amplitude résultante qui est proportionnelle à leur nombre N. Par conséquent, cette amplitude est, pour une même couleur, proportionnelle à l'épaisseur e de la couche atteinte par la lumière. Il s'ensuit que l'intensité de la lumière réfléchie est proportionnelle au carré de cette épaisseur.

La lumière réfléchie de longueur d'onde λ est donc très forte comparativement à celle de longueur d'onde $\lambda' \pm \lambda$, et l'intensité de λ' est d'autant moins négligeable, c'est-à-dire la pureté de la couleur réfléchie λ est d'autant moins grande que l'épaisseur de la couche réfléchissante est elle-même plus considérable. La plaque se comporte donc comme un treillis; elle décompose la lumière incidente et ne réfléchit d'une manière appréciable que la lumière simple qui a agi sur elle.

Ce qui vient d'être dit s'applique à toutes les parties de la plaque où une couleur spectrale simple a agi : chacune de ces parties ne réfléchit précisément que la couleur correspondante qui a laissé sa trace dans la couche sensible.

Il n'a été question jusqu'ici que des couleurs simples; si l'on considère les couleurs telles qu'on les trouve dans la nature, le problème se complique un peu. Pour le résoudre, M. Niewenglowski envisage l'action de la lumière complexe comme la somme des actions particulières des diverses couleurs simples formant cette lumière complexe. Chaque couleur de longueur d'onde λ produit dans l'épaisseur de la

couche un dépôt d'argent, dont la structure lamellaire, avec ses diverses propriétés, suit la période·
$z = \dfrac{\lambda}{2}$. On obtient ainsi les dépôts élémentaires qui
correspondent aux diverses couleurs λ et à la période
$z = \dfrac{\lambda}{2}$. La théorie du cas général ne diffère pas, en
somme, de celle du cas particulier précédemment
étudié.

Si l'on tient compte des retards produits par la réflexion, les calculs précédents doivent être légèrement modifiés, si l'on admet que le retard produit
par la réflexion sur un plan variable P est une con-
stante et égale $\dfrac{\lambda}{2}$, le retard est le même pour toutes les
vibrations et les différences de marche ne varient
pas; mais si le retard dépend de la densité et de la
structure du dépôt d'argent, il est clair qu'il doit apparaître pour tous les $\dfrac{\lambda}{2}$.

On a supposé que la lumière n'éprouvait aucune
perte par le fait de la réfraction ou de l'absorption.
C'est là une hypothèse gratuite qui ne se vérifie pas
entièrement. Tandis qu'en négligeant les retards dont
il vient d'être question on ne modifiait pas essentiellement les résultats du calcul, en ne tenant pas
compte de la perte de lumière, on commet une légère
erreur. De fait, la fonction périodique $K(z)$ doit être
remplacée par le produit d'une fonction périodique
de z et d'un facteur d'affaiblissement qui diminue

quand z augmente. En appliquant ces données à la construction des courbes (*fig.* 25), on en modifie l'as-

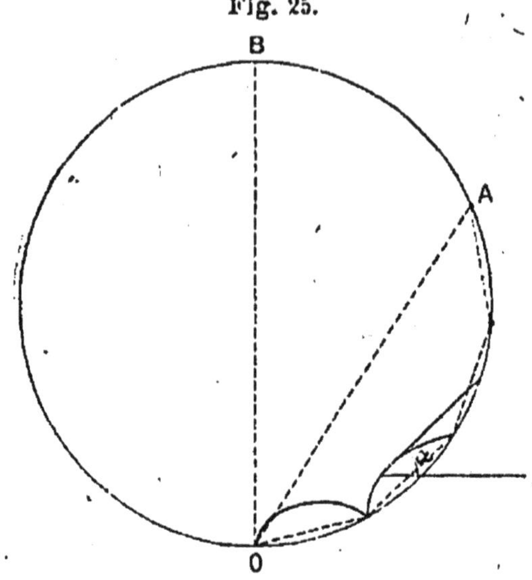

pect. L'angle que forment les tangentes de deux élé-ments de deux arcs correspondants successifs est tou-jours constant et égal à $\Delta\alpha = 2\pi\,\dfrac{\lambda}{\lambda'}$, mais par suite du facteur d'affaiblissement, la longueur des arcs subit une diminution graduelle. La courbe fondamen-tale n'est donc plus un cercle, mais une spirale.

CHAPITRE V.

Théorie de Lippmann. — Voici en quels termes M. Lippmann expose lui-même la théorie mathématique de sa remarquable découverte [1] :

« On peut fixer l'image de la chambre noire, avec son modelé et ses couleurs, en employant une couche sensible transparente et continue, d'épaisseur suffisamment grande, adossée pendant la pose à une surface réfléchissante qu'il est commode de constituer par une couche de mercure. On développe et l'on fixe au moyen de réactifs usités en Photographie. Si l'on regarde par réflexion la couche redevenue sèche et éclairée par la lumière blanche, on retrouve l'image de la chambre noire fidèlement reproduite.

» Ce phénomène est dû aux interférences lumineuses. Pendant la pose, les rayons incidents formant l'image interfèrent avec les rayons réfléchis par le mercure. Il en résulte des ondes lumineuses station-

---

[1] LIPPMANN (G.), *Sur la théorie de la photographie des couleurs simples et composées par la méthode interférentielle* (*Journal de Physique*, 3ᵉ série, tome III, mars 1894, p. 97-107).

naires, dont l'amplitude varie d'une manière continue d'un point à l'autre, suivant l'épaisseur de la plaque. La densité du dépôt photographique et, par suite, son pouvoir réflecteur varient, d'une manière continue en fonction des coordonnées. Aussi, lorsque l'on regarde l'image développée, la lumière reçue par l'œil est réfléchie, non par une surface réfléchissante, mais par un volume doué d'un pouvoir réflecteur variable dans toute son étendue. Chacun des rayons qui parviennent à l'œil est la résultante d'une infinité de rayons élémentaires. Dans le calcul de cette résultante, il est nécessaire de tenir compte non seulement de la variation du pouvoir réflecteur en fonction de la profondeur, mais encore des différences de phase dues à la différence des chemins parcourus par la lumière.

I

» Considérons d'abord le cas simple où l'impression photographique est produite par une lumière homogène de longueur d'onde λ; supposons, en outre, l'incidence normale et la vibration lumineuse réduite à une de ses composantes rectilignes. Soit z la distance du point au plan qui limite la couche sensible, plan qui est adossé au miroir pendant la pose, et qui, après coup, sera tourné du côté de l'œil. L'interférence entre le rayon incident et le rayon réfléchi donne lieu à une vibration stationnaire dont l'intensité a pour mesure $4\sin^2\dfrac{2\pi z}{\lambda}$. Il en résulte au point z, après développement, un pouvoir réflecteur ρ qui est une fonction de l'intensité qui a produit l'impression; on a donc

$$(1) \qquad \rho = \varepsilon\left(\sin^2\frac{2\pi z}{\lambda}\right),$$

ε est un cœfficient qui dépend des conditions de l'ex‑périence : on ne peut pas le faire croître indéfiniment ; mais, par contre, on peut le diminuer à volonté, soit en diminuant la proportion de matière sensible con‑tenue dans la couche transparente, soit en changeant le mode de développement. ρ est donc une fonction de $\dfrac{z}{\lambda}$ toujours comprise entre 0 et l'unité et ayant $\dfrac{\lambda}{2}$ pour période.

» Cela posé, supposons que l'on éclaire la couche dé‑veloppée par de la lumière blanche. Parmi les lu‑mières homogènes qui constituent la lumière blanche, considérons-en une quelconque, dont la longueur d'onde λ' n'est pas, en général, égale à λ. A l'entrée de la couche, la vibration en question a pour équa‑tion

$$y = \sin\frac{2\pi t}{\mathrm{T}}.$$

» Après réflexion sur un élément situé en z et de profondeur infiniment petite dz, l'amplitude incidente est multipliée par la fonction infiniment petite $\rho\,dz$. En même temps, il y a une perte de phase due au chemin parcouru $2z$, et égale à $2\pi\dfrac{2z}{\lambda'}$. La vibration

$$y = \rho\, dz \sin 2\pi\left(\frac{t}{T} - \frac{2z}{\lambda}\right)$$

$$= \rho\, dz \cos\frac{4\pi z}{\lambda'}\sin\frac{2\pi t}{T} - \rho\, dz \sin\frac{4\pi z}{\lambda'}\cos 2\pi\frac{t}{T}.$$

» Telle est l'équation de l'un quelconque des rayons élémentaires renvoyés à l'œil. Pour avoir la résultante, il suffit d'intégrer par rapport à z, depuis $z = 0$ jusqu'à $z = Z$, Z étant l'épaisseur de la couche.

» On obtient ainsi une expression de la forme

$$X \sin\frac{2\pi t}{T} + Y\cos\frac{2\pi t}{T};$$

en posant

$$(2)\quad X = \int_0^{\mathrm{Z}}\rho\cos\frac{4\pi z}{T}\,dz,\quad Y = \int_0^{\mathrm{Z}}\rho\sin\frac{4\pi z}{T}\,dz;$$

l'amplitude résultante a, comme on sait, pour expression

$$+\sqrt{X^2 + Y^2}.$$

» Il s'agit de discuter la valeur de cette quantité. Il est commode (^{1}) de considérer l'expression

$$X + Y\sqrt{-1}.$$

On a donc

$$X + Y\sqrt{-1} = \int_0^z \rho\left(\cos\frac{4\pi z}{\lambda'} + \sqrt{-1}\sin\frac{4\pi z}{\lambda'}\right) dz$$

» Il reste à discuter la précédente intégrale. On peut la partager en une somme d'intégrales prises respectivement entre les limites 0 et $\frac{\lambda}{2}$, $\frac{\lambda}{2}$ et $2\frac{\lambda}{2}$, ..., $p\frac{\lambda}{2}$ et $(p+1)\frac{\lambda}{2}$.

» On passe d'une intégrale à la suivante en changeant z en $z + \frac{\lambda}{2}$; il faut remarquer qu'il est inutile de faire ce changement dans la fonction φ, qui a $\frac{\lambda}{2}$ pour période. Posons

$$u = \cos\frac{2\pi\lambda}{\lambda'} + \sqrt{-1}\sin\frac{2\pi\lambda}{\lambda'}.$$

» On passe d'une intégrale à la suivante en multipliant par u sous le signe $\int$. Il s'ensuit que l'on a

$$X + Y\sqrt{-1} = \int_0^{\frac{\lambda}{2}} \rho\left(\cos\frac{4\pi z}{\lambda'} + \sqrt{-1}\sin\frac{4\pi z}{\lambda'}\right) dz \times \Sigma,$$

Σ étant égal à

$$1 + u + u^2 + u^3 + \ldots + u^{n-1}.$$

» L'intégrale en facteur au second membre est toujours finie. Il en est de même de la somme Σ qui reste

finie quand $\dfrac{\lambda}{\lambda'}$ a une valeur quelconque fractionnaire,

lors même que le nombre de ses termes croîtraient indéfiniment. Quand l'épaisseur totale Z croît indéfini-

ment, u croît indéfiniment, puisque l'on a $Z = u\,\dfrac{\lambda}{2}$ ([1]).

D'autre part, il convient de déterminer la fraction arbitraire ε, qui entre dans l'expression ([2]) de ρ de manière que $n\varepsilon$ reste égale à une grandeur finie, qu'il est loisible de prendre égale à l'unité. On a donc $\varepsilon = \dfrac{1}{n}$ et

$$X + Y\sqrt{-1}$$
$$= \int_0^{\frac{\lambda}{2}} \varphi\left(\sin^2 \frac{2\pi z}{\lambda}\right)\left(\cos\frac{4\pi z}{\lambda'} + \sqrt{-1}\,\sin\frac{4\pi z}{\lambda'}\right) dz \times \frac{\Sigma}{n}.$$

» Or $\dfrac{\Sigma}{n}$ tend vers zéro quand n tend vers l'infini. En

résumé, quand il n'y a pas de relation particulière entre λ', la longueur d'onde de la lumière qui éclaire

---

([1]) Quand Z tend vers l'infini, on peut supposer que la longueur $\dfrac{\lambda}{2}$ y est contenue un nombre entier de fois, en négligeant s'il y a lieu, la fraction complémentaire.

([2]) Le nombre des couches réfléchissantes élémentaires augmentant avec l'épaisseur totale, il faut bien supposer que le pouvoir réflecteur de chacune d'elles diminue en même temps ; car, d'une part, le pouvoir réflecteur total doit être au plus égal à l'unité ; d'autre part, il faut que la lumière puisse traverser toute l'épaisseur du système.

la plaque, et λ, celle de la lumière qui l'a impressionnée, l'amplitude réfléchie tend vers zéro quand
l'épaisseur de la couche sensible tend vers l'infini.

» Il n'en est plus de même si $\lambda = \lambda'$, c'est-à-dire si
l'on éclaire avec la même lumière qui a impressionné
la plaque.

» Dans ce cas, $\Sigma = n$ et, par suite,

$$X + Y\sqrt{-1}$$

$$= n \int_0^{\frac{\lambda}{2}} \varepsilon\varphi \left(\sin^2 \frac{4\pi z}{\lambda} \right) \left(\cos \frac{4\pi z}{\lambda} + \sqrt{-1} \sin \frac{4\pi z}{\lambda'} \right) dz.$$

» Le second membre tend vers l'infini avec n, si ε
est fini, et vers une quantité finie si $n\varepsilon = I$. Il en
serait de même pour $\lambda = 2\lambda'$, $\lambda = 3\lambda'$. La couche
sensible n'a donc un pouvoir différent de zéro que dans
le cas où la longueur d'onde de la vibration incidente est égale à celle de la vibration photographiée,
on a l'un de ses sous-multiples.

» Le cas de $\lambda = \lambda'$ est seul réalisé dans la pratique,
à cause de la faible longueur du spectre visible qui
comprend moins d'une octave. Pour réaliser les cas
de $\lambda = \dfrac{\lambda'}{2}$, il faudrait photographier le spectre assez

loin dans l'infra-rouge. En fait, on voit souvent en
deçà du rouge commencer le violet. D'autre part, en
humectant quelque peu la couche, ce qui la gonfle et
ce qui en revient à augmenter les valeurs de λ, on
voit apparaître le violet et les couleurs suivantes,
correspondant aux demi-valeurs de λ.

13.

» En opérant sur les couches sèches, impressionnées par la partie visible du spectre, on n'aperçoit que les couleurs du premier ordre données par $\lambda = \lambda'$.

» L'analyse précédente peut être remplacée par une construction géométrique. Notre confrère, M. Cornu, a montré autrefois que la construction de Fresnel pour la composition des vibrations s'étendait au cas d'une infinité de composantes infiniment petites; il obtient, dans ce cas, une courbe dont chaque élément représente une des composantes et où chaque coude représente une résultante. On peut effectuer ici une construction analogue.

» Soit ds un élément de la courbe représentative dû à la vibration réfléchie par un élément du réseau photographique situé à la profondeur z et d'épaisseur dz, Soient dX et dY des projections de ds sur deux axes de coordonnées rectangulaires; on a

$$ds = \rho\,dz, \quad dX = \rho\,dz\cos\frac{4\pi z}{\lambda'}, \quad dY = \rho\,dz\sin\frac{4\pi z}{\lambda'}.$$

» Soient $d\alpha$ l'angle de contingence, α l'angle de la tangente à la courbe avec l'axe des X, R le rayon de courbure; on a

$$d\alpha = \frac{4\pi\,dz}{\lambda'}, \quad \alpha = \frac{4\pi z}{\lambda'}, \quad R = \frac{\lambda'}{4\pi}\rho.$$

» D'après l'équation (1), ρ est une fonction périodique de z ayant pour période $\frac{\lambda}{2}$. Il en est donc de même de ds et de R. Si l'on fait croître z successivement de 0 à $\frac{\lambda}{2}$ à $2\frac{\lambda}{2}$, ..., c'est-à-dire si l'on considère successivement l'action d'une série de concamérations du réseau réfléchissant, on voit que l'on passe d'un arc de la courbe au suivant par le changement de z en $z+\frac{\lambda}{2}$; α seul change dans ce cas en s'accroissant de la quantité constante $\frac{2\pi\lambda}{\lambda'}$. La courbe se compose donc d'une série d'arcs AB, BC, CD, ... égaux entre eux, sous-tendus par des cordes égales, chaque corde faisant avec la précédente un angle constant égal à $\frac{2\pi\lambda}{\lambda'}$. Ces cordes sont inscriptibles dans une circonférence; leur résultante géométrique, quel que soit leur nombre, est au plus égale au diamètre de la circonférence, par conséquent du même ordre de grandeur, en général, que AB. Il n'en est plus de même dans le cas particulier où $\frac{\lambda}{\lambda'}$ est égal à l'unité, on a un nombre entier. Les cordes AB, BC, ... sont alors situées sur une même droite; leur résultante géométrique, égale à la somme de leurs longueurs, est proportionnelle à leur nombre n. Quand n tend vers l'infini, la résultante totale devient infiniment plus grande si $\frac{\lambda}{\lambda'}$ est égal à l'unité; on n'a un nombre entier que si λ' est quelconque. On retrouve ainsi les résultats donnés par l'analyse. Les valeurs des intégrales X et Y, considérées précédemment, sont égales aux coordonnées courantes de la courbe représentative.

II.

» Le cas général où la plaque photographique a été impressionnée par une lumière hétérogène, telle que celle qui est diffusée par un corps quelconque exposé à la lumière blanche, est beaucoup plus complexe. Il faut encore calculer le pouvoir réflecteur σdz en un point z du réseau photographique, ce qui exige que l'on définisse au préalable la composition d'une lumière hétérogène, la couleur d'un corps, la sensibilité photographique et l'isochromatisme d'une plaque. Ces deux dernières définitions peuvent seules présenter quelques difficultés. La composition d'une lumière hétérogène peut se définir comme il suit. Supposons que l'on forme le spectre normal de cette lumière, c'est-à-dire tel que la déviation d'un rayon soit proportionnelle à sa longueur d'onde λ, que l'on mesure, par exemple, à l'aide d'une pile thermo-électrique, l'intensité totale des rayons qui passent à travers une fente de largeur $d\lambda$; enfin, que l'on déduise de cette mesure l'amplitude correspondante, cette amplitude est de la forme $d\lambda \times F(\lambda)$; $F(\lambda)$ définit la répartition des amplitudes dans le spectre normal et, par conséquent, la composition de la lumière hétérogène employée.

» La couleur d'un corps se définit également par une fonction de λ. Tout corps diffuse (ou transmet) une fraction déterminée de l'amplitude d'une lumière simple incidente de longueur d'onde λ.

» Cette fraction varie en général avec λ; on peut la représenter par $f(\lambda)$. Cette fonction définit la couleur du corps. La condition $f(\lambda) = $ const. définit le corps blanc. $F(\lambda)$ représentant la composition de la lumière blanche et $f(\lambda)$ la couleur d'un corps ou d'un élément d'un corps, le produit $F(\lambda)\,f(\lambda)$ représente la composition de la couleur diffusée par l'élément considéré, et qui vient impressionner la plaque.

» Enfin, il faut définir la sensibilité d'une couche isochromatique.

» Soit $O(\lambda)$ l'impression produite par une vibration λ d'amplitude 1; une amplitude égale à $F(\lambda)$ produira une impression égale à $F(\lambda)\,O(\lambda)$. J'admettrai que l'équation

$$(3) \qquad f(\lambda)\,O(\lambda) = \text{const.}$$

exprime analytiquement l'isochromatisme; c'est la condition pour que l'impression d'un spectre normal soit uniforme.

» Cela posé, on peut calculer le pouvoir réflecteur σ en un point z de la plaque : si l'on éclaire celle-ci par une lumière homogène de longueur d'onde λ', l'intensité totale réfléchie se calculera à l'aide des intégrales

$$(4) \qquad X = \int_0^z \sigma \cos \frac{4\pi z}{\lambda}\, dz, \qquad Y = \int_0^z \sigma \sin \frac{4\pi z}{\lambda'}\, dz,$$

analogues à celles données en (2); seulement, le pouvoir réflecteur σ, au lieu d'être donné par un terme unique, est la somme d'une infinité de termes correspondant aux lumières simples qui ont produit l'impression; il est donc représenté par une intégrale.

» Le pouvoir réflecteur produit au point z par un rayon homogène λ est, en tenant compte de la réduction de l'amplitude due à l'interférence,

$$F(\lambda)\, f(\lambda)\, O(\lambda)\, \varepsilon\varphi\left(\sin^2\frac{2\pi z}{\lambda}\right).$$

En tenant compte de la condition d'isochromatisme (3), ce terme se réduit à

$$f(\lambda)\, \varepsilon\varphi\left(\sin^2\frac{2\pi z}{\lambda}\right).$$

Pour les raisons indiquées plus haut, il convient de faire encore $\varepsilon = \dfrac{1}{z}$. On a donc enfin

$$(5)\qquad \sigma = \frac{1}{3}\int_A^B f(\lambda)\,\varphi\left(\sin^2\frac{2\pi z}{\lambda}\right)d\lambda,$$

A et B étant les limites entre lesquelles varient λ. En substituant en (4), il vient

$$X = \frac{1}{z}\int_A^B \int_0^z f(\lambda)\,\varphi\left(\sin^2\frac{2\pi z}{\lambda}\right)\cos\frac{2\pi z}{\lambda'}\,dl\,dz;$$

$$Y = \frac{1}{z}\int_A^B \int_0^z f(\lambda)\,\varphi\left(\sin^2\frac{2\pi z}{\lambda}\right)\sin\frac{2\pi z}{\lambda'}\,d\lambda\,dz.$$

L'amplitude réfléchie est égale à $\sqrt{X^2 + Y^2}$.

» Les intégrales doubles X et Y étant définies, il est permis de renverser l'ordre des intégrations. Ce renversement a une interprétation physique : au lieu d'intégrer par rapport à λ, il est permis de donner d'abord à cette variable l'une quelconque des valeurs qu'elle doit acquérir, et d'intégrer par rapport à z. Ceci équivaut à isoler par la pensée, au milieu du réseau photographique complexe que porte la plaque, le réseau partiel produit par l'une quelconque des vibrations simples agissantes, et de chercher le pouvoir réflecteur total de ce réseau partiel; l'intégration faite ensuite par rapport à λ représente la somme des actions partielles ainsi considérées.

» En d'autres termes, l'amplitude réfléchie est la même que si chacune des vibrations simples impressionnantes avait été seule à agir sur la couche sensible. Cette remarque permet de prévoir la conclusion de l'analyse, ainsi que la propriété essentielle des intégrales X et Y. On a vu que le réseau photographique dû à une vibration simple λ ne réfléchit une fraction finie de la vibration λ' qui éclaire la plaque que si $\lambda = \lambda'$ (ou plus généralement si λ est un multiple de λ'); et que l'effet de tout λ différent de λ' est infiniment petit quand la couche est infiniment épaisse. En d'autres termes, le pouvoir réflecteur de la plaque pour une vibration λ' est déterminé uniquement par l'amplitude que possédait la vibration de même longueur d'onde que dans le faisceau complexe qui a produit l'impression photographique.

» Au point de vue analytique, il s'ensuit que les intégrales X et Y ne dépendent qu'en apparence des limites A et B de λ, et qu'elles se réduisent à des fonctions de λ'. En effet, on peut démontrer directement qu'il en est ainsi et que, pour $Z = \infty$,

$$\lim X = f(\lambda') + \text{const.}, \qquad \lim Y = 0.$$

» Par cette propriété singulière, comme par leur forme, les intégrales doubles X et Y sont analogues à une intégrale double découverte par Fourier [1] et qui se réduit, elle aussi, à un seul de ses éléments.

» Pour le démontrer, on peut avoir recours, non à l'analyse de Fourier, mais à la démonstration géométrique qu'il y a ajoutée et qui est plus générale. Afin de faciliter le rapprochement, il convient de développer

$$\varphi\left(\sin^2 \frac{2\pi z}{\lambda}\right),$$

en tant que fonction de z, à l'aide de la série trigonométrique de Fourier, entre les limites $z = 0$, $z = \frac{\lambda}{2}$. On a ainsi

$$(\sigma)\ \varphi\left(\sin^2 \frac{4\pi z}{\lambda}\right) = C_0\, C_1 \cos \frac{2\pi z}{\lambda} + C_2 \cos \frac{4\pi z}{\lambda} + \ldots$$
$$+ C_i \cos \frac{4\pi i z}{\lambda} + \ldots.$$

Il faut remarquer que le premier membre étant, ainsi

---

[1] *Œuvres de Fourier*, publiées par M. G. Darboux, tome I, p. 494; 1888-1890 (Paris, Gauthier-Villars et fils).

que le second, une fonction périodique de z, ayant $\frac{\lambda}{2}$ pour période, les deux membres sont égaux non seulement entre 0 et $\frac{\lambda}{2}$, mais encore entre deux multiples quelconques de $\frac{\lambda}{2}$. Le développement est donc valable non seulement de 0 à $\frac{\lambda}{2}$, mais de zéro à l'infini. Il faut remarquer encore que les coefficients du développement $C_0, C_1, \ldots$ sont indépendants de λ comme de z; en d'autres termes, ce sont des nombres déterminés seulement par le choix de la fonction φ. En effet, on a

$$C_0 = \frac{1}{\lambda} \int_0^{\frac{\lambda}{2}} \varphi \left(\sin^2 \frac{2\pi z}{\lambda} \right) dz,$$

$$C_i = \frac{2}{\lambda} \int_0^{\frac{\lambda}{2}} \varphi \left(\sin^2 \frac{2\pi z}{\lambda} \right) \cos \frac{4\pi i z}{\lambda} dz.$$

Posons $\frac{4\pi z}{\lambda} = \alpha$, par suite $dz = \frac{\lambda}{4\pi} d\alpha$; il vient

$$C_0 = 4\pi \int_0^{2\pi} \varphi \left(\sin^2 \frac{\alpha}{2} \right) d\alpha,$$

$$C_i \, 8\pi \int_0^{2\pi} \varphi \left(\sin^2 \frac{\alpha}{2} \right) \cos i\alpha \, d\alpha.$$

La variable α disparaissant par l'intégration, les coefficients $C_0, \ldots$ se réduisent donc à des nombres.

» En substituant à $\varphi\left(\sin^2\dfrac{2\pi z}{\lambda}\right)$ sa valeur, il vient

$$X = \frac{i}{Z}\int_A^B \int_0^Z f(\lambda) \sum\left(C_i \cos\frac{4\pi i z}{\lambda}\right)\cos\frac{4\pi z}{\lambda'}\, d\lambda\, dz;$$

ainsi, en faisant $i = 1$, le terme correspondant est

$$(7)\qquad \frac{1}{Z}\int_A^B \int_0^Z f(\lambda)\, C_1 \cos\frac{4\pi z}{\lambda}\cos\frac{4\pi z}{\lambda'}\, d\lambda\, dz.$$

» En appliquant à cette intégrale double le raisonnement de Fourier, on voit que, tant qu'il y a une différence finie entre les périodes des deux cosinus, l'intégrale double reste finie, quel que soit Z; son quotient par Z a donc pour limite zéro. Il n'en est plus de même si les arguments sont égaux; si $\lambda = \lambda'$, l'intégrale double tend alors vers $f(\lambda')C_1 Z$, et son quotient par Z, vers $C_1 f(\lambda')$. Si l'on opère avec les longueurs d'onde du spectre visible, λ ne varie pas du simple au double; le terme (7) qui correspond à $i = 1$ ou à $\lambda = \lambda'$, est le seul qui ne se réduise pas à zéro [1]. On a alors

$$(8)\qquad\qquad \lim X = C_1 f(\lambda').$$

---

[1] Si l'on supposait, au point de vue théorique, que λ et λ' puissent varier entre les limites quelconques, il y aurait lieu de considérer les autres valeurs de i. Chacun des termes correspondants représenterait une image d'ordre supérieur. L'œil d'ailleurs ne pourrait percevoir que des images d'ordre supérieur fournies par une source émettant des rayons infra-rouges.

» On démontre d'ailleurs que $\lim Y = 0$; $\sqrt{X^2 + Y^2}$ se réduit à X, C_2 est une constante numérique. En se reportant à la définition de $f(\lambda)$, on voit que l'équation (8) signifie que l'image d'un élément dont la couleur est définie par $f(\lambda)$ affaiblit par réflexion les diverses radiations de la lumière incidente dans la même proportion que l'élément qui a servi d'objet; en d'autres termes, la couleur de l'image est la même que celle de l'objet

» La théorie qui précède est non seulement un peu abrégée sur certains points, mais incomplète sur d'autres. Il y aurait à examiner l'influence de l'absorption. Cette influence complique le phénomène et les formules; mais les conclusions restent qualitativement les mêmes.

» Il est bon de remarquer également que j'ai supposé implicitement le dépôt photographique formé de molécules réfléchissantes disséminées suivant une loi déterminée dans un milieu d'ailleurs homogène. Il n'est pas impossible, au moins dans certains cas, que ce milieu lui-même ait été altéré chimiquement de telle façon que, tout en restant continu, il acquière un indice variable en fonction de l'espace, et un pouvoir réflecteur dû précisément à la variation de l'indice. L'examen de cette hypothèse exigerait une autre analyse. »

CHAPITRE VI.

1. — Observations de Neuhauss.

A la suite des expériences dont il a déjà été question, le Dr Neuhauss est arrivé à se demander si la théorie de Zenker donnait bien l'explication adéquate des faits observés ([1]). La réponse n'ayant pas été nettement affirmative, cet habile expérimentateur s'est efforcé de trouver une hypothèse plus exacte. Voici d'abord les objections faites à la théorie interférentielle de Zenker-Lippmann :

1° Le grain des émulsions employées a des dimensions de même ordre que celles de la longueur d'onde des radiations colorées.

2° La durée du temps de pose modifie la teinte des couleurs obtenues ; par exemple, le rouge s'étend vers l'infra-rouge, le violet vers l'infra-violet. Tandis qu'une exposition peu prolongée aurait donné du bleu ou du violet, on obtient à la même place du vert.

([1]) *Photographische Rundschau*, octobre, novembre, décembre 1894.

3° En frottant avec un tampon de peau imbibé d'alcool la surface d'une plaque développée, fixée et séchée, on modifie les couleurs. Elles ne devraient que perdre en intensité. Or on observe, si l'on continue à frotter de manière à amincir la couche, une succession de couleurs assez régulière, la couleur disparue étant remplacée par sa voisine de plus faible longueur d'onde. C'est ainsi que l'on obtient du jaune à la place du rouge, du bleu à la place du vert, du violet à la place du bleu, et ainsi de suite.

4° Dans certains cas, on constate une forte propension de la plaque à donner des couleurs fausses, c'est-à-dire ne correspondant pas à celles de l'original.

Ces divers faits semblent indiquer, d'après le Dʳ Neuhauss, qu'il existe une relation évidente entre le phénomène de la production des couleurs et l'épaisseur absolue de la couche. Tous les photographes savent qu'un négatif ordinaire présente, après développement, fixage et séchage, un relief très réel. La lumière et le développement modifient donc l'épaisseur de la couche sensible. Il semblerait par conséquent assez logique de reprendre l'ancienne théorie imaginée pour expliquer la formation des couleurs dans l'expérience de Becquerel. La couche sensible aurait alors une épaisseur de $0^{mm},00035$ dans le rouge, $0^{mm},00025$ dans le vert et $0^{mm},002$ dans le bleu violet, ce qui expliquerait les variations de teintes produites par le frottement avec un tampon imbibé d'alcool. M. Neuhauss a d'ailleurs vérifié que l'alcool n'agit pas lorsqu'on l'emploie seul, mais que c'est l'action méca-

4.

nique qui produit l'effet constaté. Toutefois, malgré ces faits, qui semblent parler en faveur de la théorie de Becquerel, il faut reconnaître que bien des difficultés en rendent l'admission presque impossible. En effet, on ne peut arriver, même avec les meilleurs microscopes, à percevoir des variations régulières dans l'épaisseur des couches des photochromies. De plus, il est bien certain que les plaques, fussent-elles préparées à la centrifuge, n'ont jamais une couche d'épaisseur absolument régulière. En outre, on a remarqué que des plaques épaisses donnaient les mêmes couleurs que des plaques minces, lorsqu'elles ont été insolées dans des conditions identiques.

On ne saurait donc édifier de théorie définitive pour le moment.

Telle est la conclusion du Dʳ Neuhauss.

2. — Observations de Meslin.

Dans l'étude déjà citée de M. G. Meslin sur les photographies du spectre obtenues par M. Lippmann en 1891, l'auteur fait quelques observations intéressantes sur le mode de production des couleurs. Elles semblent confirmer la théorie généralement admise.

L'aspect et la disposition des couleurs indiqués plus haut (p. 107) ne permettent pas d'admettre qu'on ait affaire à des couleurs simples formant un spectre pur. Ce sont plutôt des couleurs complexes analogues à celles qu'on observe dans les anneaux de Newton, produites par la superposition des phénomènes d'in-

terférences correspondant aux différentes couleurs.
Il ne semble donc pas se produire ici d'épuration
analogue à celle qui s'effectue dans les réseaux, bien
que, cependant, les couleurs soient réfléchies avec
intensité et avec cet aspect métallique dont il a été
question.

Pour vérifier cette complexité de teinte, M. G. Meslin a analysé au spectroscope la lumière réfléchie par
la pellicule. Au lieu d'obtenir une seule couleur, on
obtient toujours dans les différentes parties un spectre
entier dont les diverses régions sont plus ou moins
brillantes suivant la partie examinée. Pour éliminer
la lumière réfléchie par la surface antérieure de la
lamelle, on opère sous l'incidence presque normale.
En outre, on constate que chaque portion de la lamelle
n'est pas propre à renforcer seulement une couleur
en éteignant les autres.

Dans la reproduction du spectre, on obtient donc
un mélange des diverses couleurs et non une série
de couleurs simples parfaitement distinctes. Si l'on
admet la théorie de Zenker, on comprend aisément
la raison de ce fait. En effet, le nombre des lamelles
réfléchissantes ne peut corespondre exactement à la
différence de marche nécessaire pour l'extinction de
toutes les couleurs autres que celle qui doit être reproduite. M. Meslin fait à ce sujet l'observation suivante :

« On sait, d'après la théorie de M. Lippmann et d'après
les résultats des expériences de M. O. Wiener sur
les ondes stationnaires, qu'il se produit dans l'épaisseur de la pellicule des plans ventraux et nodaux, la

distance de deux plans de même espèce étant $\frac{\lambda}{2}$;

enfin, nous pouvons conclure, après la mémorable discussion qui eut lieu entre MM. Cornu, Poincaré et Potier, que la surface extérieure qui était au contact du mercure est un point nodal, et que la décomposition chimique qui s'est produite au voisinage des plans ventraux a déposé aux environs de ces plans des granules d'argent sur lesquels la réflexion de la lumière se produira et qui transforment ces plans en plans partiellement réfléchissants.

» Considérons maintenant un faisceau de lumière tombant sur la pellicule où nous ne supposerons d'abord qu'une seule couche, c'est-à-dire deux plans ventraux. Les rayons abordent le premier de ces plans, y subissent sur l'argent disséminé une réflexion partielle. La partie du faisceau qui traverse la couche va subir une réflexion analogue sur l'argent du deuxième plan et revient, après avoir traversé le premier, émerger et interférer avec le premier faisceau réfléchi. Mais ces deux réflexions ont exactement le même caractère; elles se produisent sur la même substance (l'argent) pour les rayons marchant dans le même milieu (celui de la pellicule); elles entraîneront donc le même changement de phase qui disparaîtra, quel qu'il soit dans la différence; le retard total, dû *uniquement* à des chemins parcourus, comme dans la théorie des anneaux transmis, sera égal au double de l'épaisseur, c'est-à-dire à λ, et l'intensité de la couleur correspondante sera augmentée.

» Nous ne tenons pas compte ici des rayons qui ont pu se réfléchir à la surface antérieure de la pellicule, parce que ces rayons se trouvent dans des conditions absolument différentes des autres qui ont été réfléchis sur l'argent; nous ne les considérons pas comme interférant avec eux; cette vue se trouve légitimée par l'expérience suivante :

» Quand on augmente l'incidence, les couleurs, loin de devenir plus brillantes comme dans les anneaux de Newton, diminuent d'éclat précisément parce qu'on augmente l'intensité de ce faisceau réfléchi qui lave de blanc les teintes qu'on observait, tout en laissant pénétrer à l'intérieur une moindre quantité de lumière. »

De tout ce qui précède, il résulte que la Photographie des couleurs en est encore à la période des essais et des tâtonnements, tant au point de vue théorique qu'au point de vue pratique. Comment en serait-il autrement, puisqu'elle est d'hier et que, dans les sciences, les progrès s'accomplissent lentement et graduellement. Il ne faut donc pas se faire illusion, mais il ne faut pas non plus perdre courage. C'est en multipliant à l'infini les expériences que l'on rassemblera les meilleurs matériaux pour l'édification d'une théorie définitive. On arrivera aussi de la sorte à éliminer partiellement les causes d'erreur et à élaborer une méthode sûre et pratique. Que ceux qui entreprennent des expériences en cette matière ne se dissimulent pas les graves difficultés qu'elle

présente. Comme le dit avec humour le Dr Neuhauss (¹), si l'on pouvait fabriquer les photochromies à
la manière des brioches, le problème serait résolu ; mais
le nombre des bonnes photochromies obtenues jusqu'à
ce jour sur toute la surface du globe ne dépasse
guère quelques douzaines. Il s'agit donc d'une mar-
chandise plus rare que les diamants. Si l'on pouvait
multiplier les épreuves facilement, le mal ne serait pas
aussi grand, mais il faut obtenir chaque photogramme
à la chambre noire, et si l'on songe que, sur 25 plaques,
il y en a 24 qui ne réussissent pas, on comprendra la
rareté des photographies polychromes et leur haute
valeur lorsqu'elles sont réussies. Que le mérite de la
difficulté vaincue et la valeur intrinsèque des résultats soient un encouragement pour tous les chercheurs désireux de s'engager hors des sentiers battus
de la Photographie ordinaire.

(¹) *Photographische Rundschau*, janvier 1895, p. 21-25.

FIN.

TABLE DES MATIÈRES.

DEUXIÈME PARTIE.

THÉORIE.

CHAPITRES I A VI.

Les interférences.

FIN DE LA TABLE DES MATIÈRES.

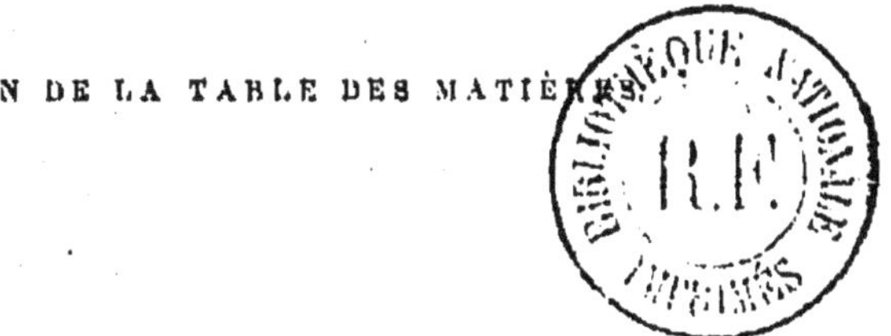

15.

4650 B. — Paris, imp. Gauthier-Villars et fils, 55, quai des Gr.-Augustins.

BIBLIOTHÈQUE
PHOTOGRAPHIQUE.
(EXTRAIT DU CATALOGUE.)

Médaille d'or à l'Exposition de Florence, 1887.
Diplôme d'honneur à l'Exposition de Bruxelles, 1891.

La Bibliothèque photographique se compose de plus de 200 volumes et embrasse l'ensemble de la Photographie considérée comme Science ou comme Art.

A côté d'Ouvrages d'une certaine étendue, tels que le *Traité* de M. Davanne, le *Traité encyclopédique* de M. Fabre, le *Dictionnaire de Chimie photographique* de M. Fourtier, la *Photographie médicale* de M. Londe, etc., elle comprend une série de monographies nécessaires à celui qui veut étudier à fond un procédé et apprendre les tours de main indispensables pour le mettre en pratique. Elle s'adresse donc aussi bien à l'amateur qu'au professionnel, au savant qu'au praticien.

Balagny (George), Membre de la Société française de Photographie, Docteur en droit. — *Traité de Photographie par les procédés pelliculaires*. Deux volumes grand in-8, avec figures; 1889-1890.

On vend séparément :

Tome I: Généralités. Plaques souples. Théorie et pratique des trois développements au fer, à l'acide pyrogallique et à l'hydroquinone. 4 fr.

Tome II : Papiers pelliculaires. Applications générales des procédés pelliculaires. Phototypie, Contretypes, Transparents. 4 fr.

Burton (W.-K.). — *A B C de la Photographie moderne*. Traduit sur la 6ᵉ édition anglaise, par G. Huberson. 4ᵉ édition, revue et augmentée. In-18 jésus, avec figures; 1892. 2 fr. 25 c.

Chable (E.), Président du Photo-Club de Neuchâtel. — *Les Travaux de l'amateur photographe en hiver*. 2ᵉ édition, revue et augmentée. In-18 jésus, avec 46 figures; 1892. 3 fr.

Chapel d'Espinassoux (Gabriel de). — *Traité pratique de la détermination du temps de pose.* Grand in-8, avec nombreuses Tables; 1890.   3 fr. 50 c.

Chéri-Rousseau, Praticien. — *Méthode pratique pour le tirage des épreuves de petit format par le procédé au charbon.* In-18 jésus; 1894.   75 c.

Davanne. — *La Photographie. Traité théorique et pratique,* 2 beaux vol. grand in-8, avec 234 fig. et 4 pl. spécimens.   32 fr.

On vend séparément :

Ire PARTIE : Notions élémentaires. — Historique. — Épreuves négatives. — Principes communs à tous les procédés négatifs. — Épreuves sur albumine, sur collodion, sur gélatinobromure d'argent, sur pellicules, sur papier. Avec 2 pl. spécimens et 120 fig.; 1886.   16 fr.

IIe PARTIE : Épreuves positives : aux sels d'argent, de platine, de fer, de chrome. — Epreuves par impressions photomécaniques. — Divers : Les couleurs en Photographie. Epreuves stéréoscopiques. Projections, agrandissements, micrographie. Réductions, épreuves microscopiques. Notions élémentaires de Chimie; vocabulaire. Avec 2 planches spécimens et 114 fig.; 1888.   16 fr.

Donnadieu (A.-L.), Docteur ès Sciences, Professeur à la Faculté des Sciences de Lyon. — *Traité de Photographie stéréoscopique.* Théorie et pratique. Grand in-8, avec atlas de 20 planches stéréoscopiques en photocollographie; 1892.   9 fr.

Fabre (C.), Docteur ès Sciences. — *Traité encyclopédique de Photographie.* 4 beaux volumes gr. in-8, avec plus de 700 figures et 2 planches; 1889-1891.   48 fr.

Chaque volume se vend séparément 14 fr.

Tous les trois ans, un Supplément, destiné à exposer les progrès accomplis pendant cette période, viendra compléter ce Traité et le maintenir au courant des dernières découvertes.

Premier Supplément triennal (A). Un beau volume grand in-8 de 400 pages, avec 176 figures; 1892.   14 fr.

Les cinq volumes se vendent ensemble 60 fr.

Fourtier (H.). — *Dictionnaire pratique de Chimie photographique,* contenant une *Etude méthodique des divers corps usités en Photographie,* précédé de *Notions usuelles de Chimie* et suivi d'une *Description détaillée des Manipulations photographiques.* Grand in-8, avec figures; 1892.   8 fr.

Fourtier (H.). — *Les Positifs sur verre. Théorie et pratique. Les Positifs pour projections. Stéréoscopes et vitraux. Méthodes opératoires. Coloriage et montage.* Grand in-8, avec figures; 1892.   4 fr. 50 c.

Fourtier (H.). — *La pratique des projections. Etude méthodique des appareils. Les accessoires. Usages et applications diverses des projections. Conduite des séances.* 2 volumes in-18 jésus, se vendant séparément.

TOME I. *Les Appareils,* avec 66 figures; 1892.   2 fr. 75 c.

TOME II. *Les Accessoires. La Séance de projections,* avec 67 figures; 1893.   2 fr. 75 c.

Fourtier (H.). — *Les Tableaux de projections mouvementés.* Etude des tableaux mouvementés; leur confection par les méthodes photographiques. Montage des mécanismes. In-18 jésus, avec 42 figures; 1893. 2 fr. 25 c.

Fourtier (H.). — *Les Lumières artificielles en Photographie.* Etude méthodique et pratique des différentes sources artificielles de lumières, suivie de recherches inédites sur la puissance des photopoudres et des lampes au magnésium. Grand in-8, avec 19 figures et 8 planches; 1895. 4 fr. 50 c.

Fourtier (H.), Bourgeois et Bucquet. — *Le Formulaire classeur du Photo-Club de Paris.* Collection de formules sur fiches, renfermées dans un élégant cartonnage et classées en trois Parties : *Phototypes, Photocopies et Photocalques, Notes et renseignements divers,* divisées chacune en plusieurs Sections.
   Première série; 1892. 4 fr.
   Deuxième série; 1894. 3 fr. 50 c.

Fourtier (H.) et Molteni (A.). — *Les Projections scientifiques.* Etude des appareils, accessoires et manipulations diverses pour l'enseignement scientifique par les projections. In-18 jésus de 300 pages, avec 113 figures; 1894.
   Broché .... 3 fr. 50 | Cartonné........ 4 fr. 50

Geymet. — *Traité pratique de Photographie.* Éléments complets, méthodes nouvelles. Perfectionnements. 4ᵉ édition, revue et augmentée par Eugène Dumoulin. In-18 jésus; 1894. 4 fr.

Horsley-Hinton. — *L'Art photographique dans le paysage.* Etude et pratique. Traduit de l'anglais par H. Colard. Grand in-8, avec 11 planches; 1894. 3 fr

Karl (van). — *La Miniature photographique.* Procédé supprimant le ponçage, le collage, le transparent, les verres bombés et tout le matériel ordinaire de la Photominiature, donnant sans aucune connaissance de la peinture les miniatures les plus artistiques. In-18 jésus; 1894. 75 c.

Klary, Artiste photographe. — *Traité pratique d'impression photographique sur papier albuminé.* In-18 jésus, avec figures; 1888. 3 fr. 50 c.

Klary. — *L'Art de retoucher en noir les épreuves positives sur papier.* 2ᵉ édition. In-18 jésus ; 1891. 1 fr.

Klary. — *L'Art de retoucher les négatifs photographiques.* 3ᵉ tirage. In-18 jésus, avec figures; 1894. 2 fr.

Klary. — *Traité pratique de la peinture des épreuves photographiques,* avec les couleurs à l'aquarelle et les couleurs à l'huile, suivi de *différents procédés de peinture appliqués aux photographies.* In-18 jésus; 1888. 3 fr. 50 c.

Klary. — *L'éclairage des portraits photographiques.* 7ᵉ édition, revue et considérablement augmentée, par Henry Gauthier-Villars. In-18 jésus, avec figures; 1893. 1 fr. 75 c.

Klary. — *Les Portraits au crayon, au fusain et au pastel obtenus au moyen des agrandissements photographiques.* In-18 jésus; 1889. 2 fr. 50 c.

Kœhler (Dʳ **R.**), Docteur ès Sciences, Docteur en Médecine, chargé d'un cours supplémentaire de Zoologie à la Faculté des Sciences de Lyon. — *Applications de la Photographie aux Sciences naturelles.* Petit in-8, avec figures; 1893.

    Broché......... 2 fr. 50 c. | Cartonné toile anglaise.. 3 fr.

Londe (**A.**), Chef du service photographique à la Salpêtrière. — *La Photographie instantanée.* 2ᵉ édition. In-18 jésus, avec belles figures; 1890.   2 fr. 75 c.

Londe (A.). — *Traité pratique du développement.* Étude raisonnée des divers révélateurs et de leur mode d'emploi. 2ᵉ édition, revue et augmentée. In-18 jésus, avec figures et 4 doubles planches en photocollographie; 1892.   2 fr. 75 c.

Londe (**A.**). — *La Photographie médicale. Application aux Sciences médicales et physiologiques.* Grand in-8, avec 80 figures et 19 planches; 1893.   9 fr.

Marco Mendoza, Membre de la Société française de Photographie. — *La Photographie la nuit.* Traité pratique des opérations photographiques que l'on peut faire à la lumière artificielle. In-18 jésus, avec figures; 1893.   1 fr. 25 c.

Mullin (**A.**), Professeur de Physique au Lycée de Grenoble, Officier de l'Instruction publique. — *Instructions pratiques pour produire des épreuves irréprochables au point de vue technique et artistique.* In-18 jés. avec 11 fig.; 1895.   2 fr. 75 c.

Niewenglowski (**G.-H.**). — *Le matériel de l'Amateur photographe.* Choix. Essai. Entretien. In-18 jésus; 1894.   1 fr. 75 c.

Panajou, Chef du Service photographique à la Faculté de Médecine de Bordeaux. — *Manuel du Photographe amateur.* 2ᵉ édition, entièrement refondue. Petit in-8, avec figures; 1892.   2 fr. 50 c.

Trutat (**E.**), Directeur du Musée d'Histoire naturelle de Toulouse, Président de la section des Pyrénées Centrales du Club Alpin français, Président de la Société photographique de Toulouse. — *La Photographie en montagne.* In-18 jésus, avec 28 figures et 1 planche; 1894.   2 fr. 75 c.

Trutat (**E.**). — *Traité pratique des agrandissements photographiques.* 2 vol. in-18 jésus, avec 105 figures; 1891.   5 fr.

On vend séparément :

  Iʳᵉ Partie : Obtention des petits clichés; avec 52 fig. 2 fr. 75 c.
  IIᵉ Partie : Agrandissements; avec 53 fig.   2 fr. 75 c.

Trutat (**E.**). — *Impressions photographiques aux encres grasses.* Traité pratique de Photocollographie à l'usage des amateurs. In-18 jésus, avec nombreuses figures et 1 planche en photocollographie; 1892.   2 fr. 75 c.

Vidal (**Léon**), Officier de l'Instruction publique, Professeur à l'Ecole nationale des Arts décoratifs. — *Traité pratique de Photolithographie.* Photolithographie directe et par voie de transfert. Photozincographie. Photocollographie. Autographie. Photographie sur bois et sur métal à graver. Tours de main et formules diverses. In-18 jésus, avec 25 figures, 2 planches et spécimens de papiers autographiques; 1893.   6 fr. 50 c.